高职高专教育国家级精品规划教材
普通高等教育“十一五”国家级规划教材
中国水利教育协会策划组织

机械制图习题集

（第5版）

主　编　关莉莉　连　萌　张瑞芬
副主编　黄均安　李慧群　陈继平
　　　　秦净净
主　审　郭　玲　曾令宜

黄河水利出版社
·郑州·

内容提要

本书是高职高专教育国家级精品规划教材，是普通高等教育“十一五”国家级规划教材，是按照教育部对高职高专教育的教学基本要求和相关专业课程标准，在总结多年教学经验的基础上编写完成的。本书与《机械制图(第5版)》(关莉莉、张瑞芬、黄均安主编，黄河水利出版社出版)配套使用。

本书选题和拟题方式具有鲜明的高职高专特色，以满足不同课时的需要。全书采用了最新的《机械制图》和《技术制图》国家标准。

本书可作为高职高专机械类各专业及相近专业机械制图课程的配套教材，也可作为成人教育、自学考试的教材或参考书。

图书在版编目(CIP)数据

机械制图习题集/关莉莉，连萌，张瑞芬主编. —5版. —郑州：黄河水利出版社，2023.8

高职高专教育国家级精品规划教材

ISBN 978-7-5509-3692-8

Ⅰ.①机… Ⅱ.①关… ②连… ③张… Ⅲ.①机械制图-高等职业教育-习题集 Ⅳ.①TH126-44

中国国家版本馆 CIP 数据核字(2023)第 153649 号

组稿编辑：王路平　电话：0371-66022212　E-mail：hhslwlp@163.com

出 版 社：黄河水利出版社　网址：www.yrcp.com

地址：河南省郑州市顺河路黄委会综合楼 14 层　邮政编码：450003

发行单位：黄河水利出版社

发行部电话：0371-66026940、66020550、66028024、66022620(传真)

E-mail：hhslcbs@126.com

承印单位：河南承创印务有限公司

开本：787 mm×1 092 mm　1/8

印张：16.5

字数：200 千字

版次：2002 年 8 月第 1 版　2016 年 5 月第 4 版　印数：1—3 100

2007 年 9 月第 2 版　2023 年 8 月第 5 版　印次：2023 年 8 月第 1 次印刷

2012 年 1 月第 3 版

定价：42.00 元

第5版前言

本书是高职高专教育国家级精品规划教材,与关莉莉、张瑞芬、黄均安主编的高职高专教育国家级精品规划教材、普通高等教育“十一五”国家级规划教材《机械制图(第5版)》(黄河水利出版社出版)配套使用。本书在选题和拟题方式上具有鲜明的高职高专特色,以读图为主线,从基本体、简单体、组合体到剖视图、断面图及专业图,题目形式多样、难度循序渐进,以满足不同课时的需要。本书内容体系、章节编排与教材完全一致,以便读者学习使用。

本书编写单位及编写人员如下:黄河水利职业技术学院关莉莉、连萌、秦净净,福建水利电力职业技术学院张瑞芬、李慧群,安徽水利水电职业技术学院黄均安,山西水利职业技术学院陈继平。本书由关莉莉、连萌、张瑞芬担任主编,关莉莉负责全书统稿;由黄均安、李慧群、陈继平、秦净净担任副主编;由黄河水利职业技术学院郭玲、曾令宜担任主审。

本书的不当之处,恳请读者批评指正。

编　者

2023年1月

目 录

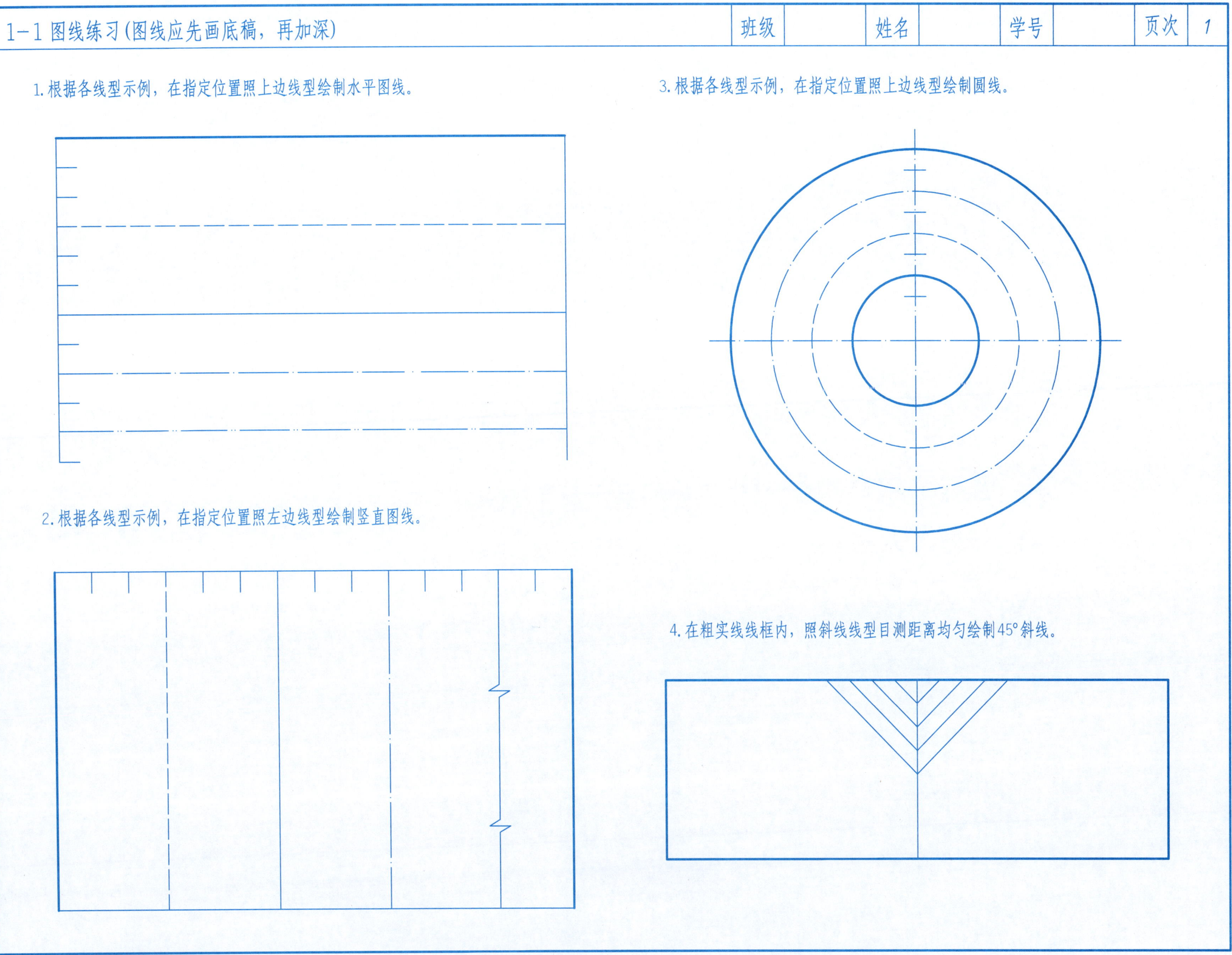
1-1 图线练习(图线应先画底稿，再加深)
班级
姓名
学号
页次
1
1.根据各线型示例，在指定位置照上边线型绘制水平图线。
3.根据各线型示例，在指定位置照上边线型绘制圆线。
2.根据各线型示例，在指定位置照左边线型绘制竖直图线。
4.在粗实线线框内，照斜线线型目测距离均匀绘制45°斜线。

1-2 字体练习(要认真临摹，满格书写)	班级		姓名		学号		页次	2

机械工程制图材料比例名称剖视断面标准技术要求零件装配图粗糙度

1234567890 1234567890

ABCDEFGHIJKLMNOPQRSTUVWXYZ

abcdefghijklmnopqrstuvwxyz ϕ

1-3 尺寸标注（尺寸在图中量取，取整数，单位:mm）	班级		姓名		学号		页次	3

1.在给出的尺寸位置上标注尺寸数字（比例1:2，取整数）。

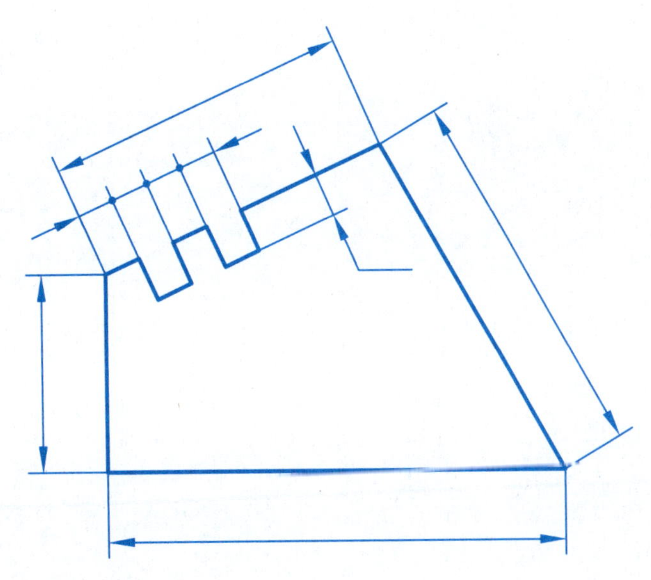

2.标注或补全直径或半径尺寸(比例1:1)。

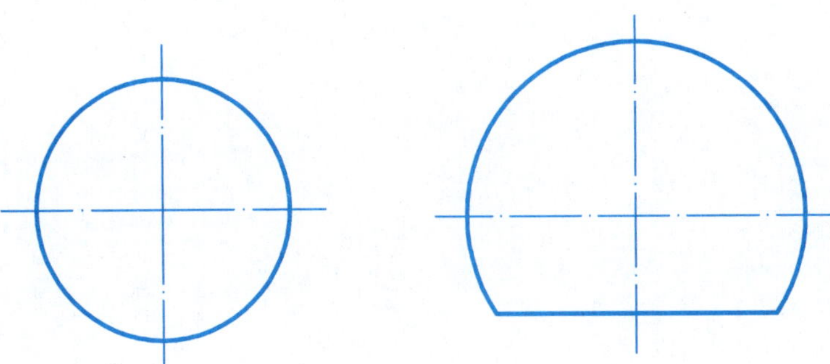

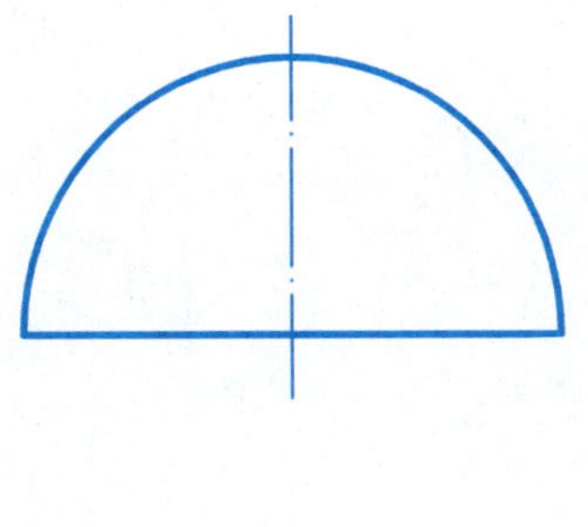

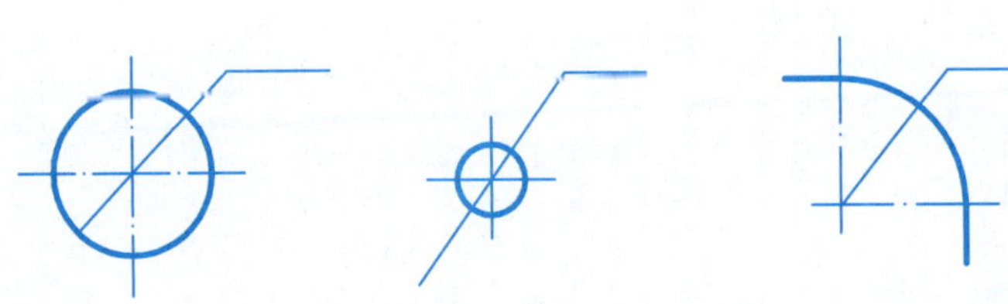

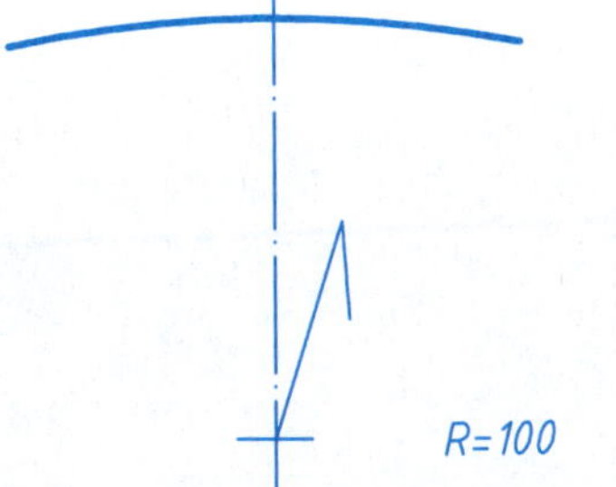

3.画箭头标注角度尺寸数字。

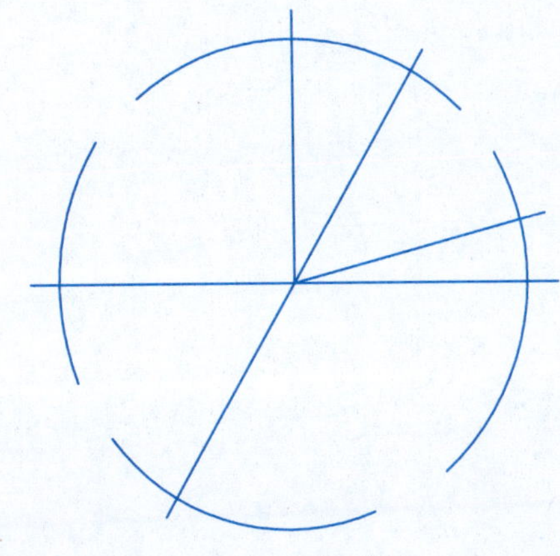

4.找出图中尺寸标注的错误，将正确的注法标注在右图中。

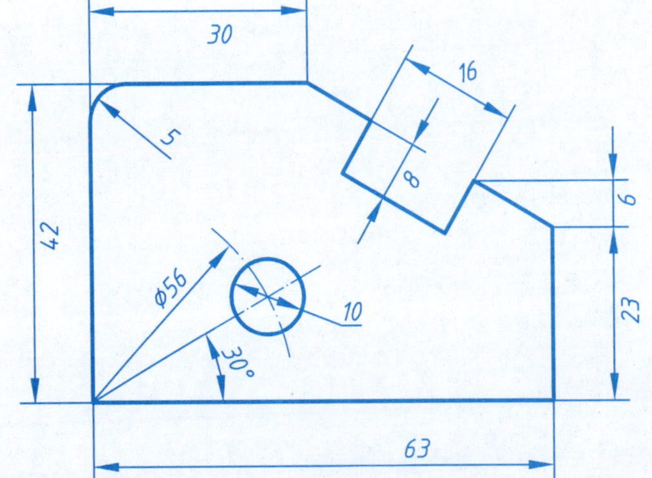

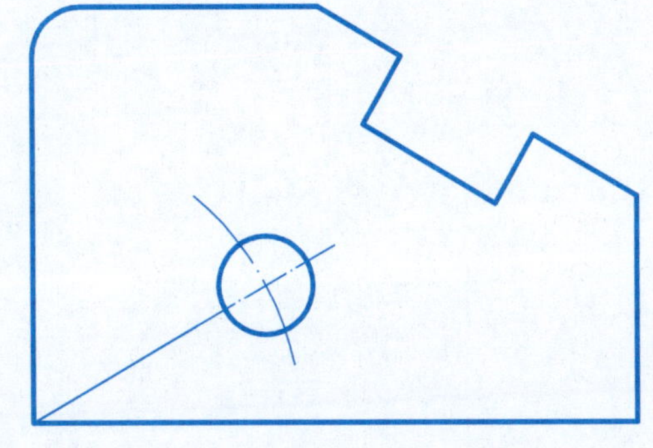

1-4 几何作图（最后完成的图形用粗实线加粗，并保留作图线）	班级		姓名		学号		页次	4

1. 作大圆内接正六边形，小圆内接正五边形。

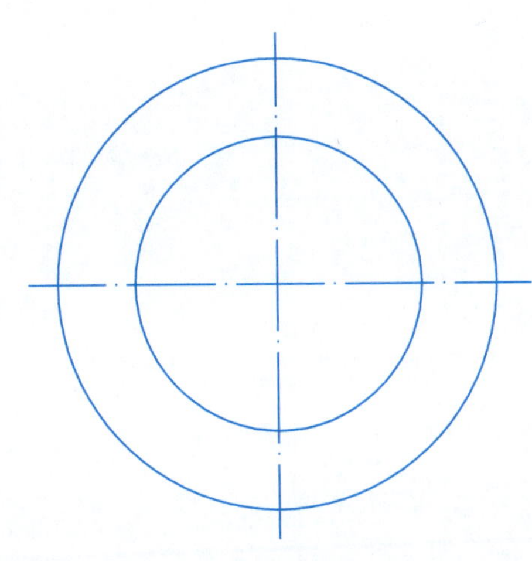

2. 参照左上角示意图，完成1:4斜度图形。

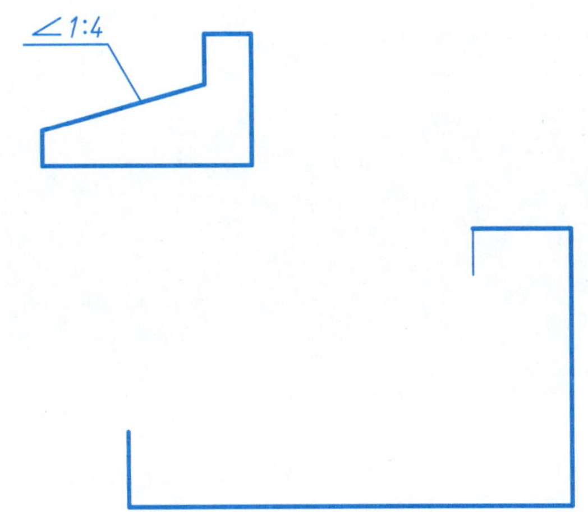

3. 参照右上角示意图，完成1:4锥度图形。

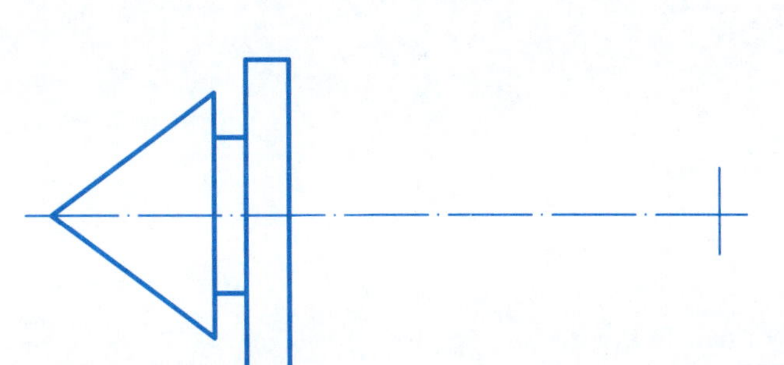

4. 参照右上角图形，作下列直线间圆弧连接，角 A、B、C 处连接半径 R=10 mm；角 D 处连接半径 R=15 mm。

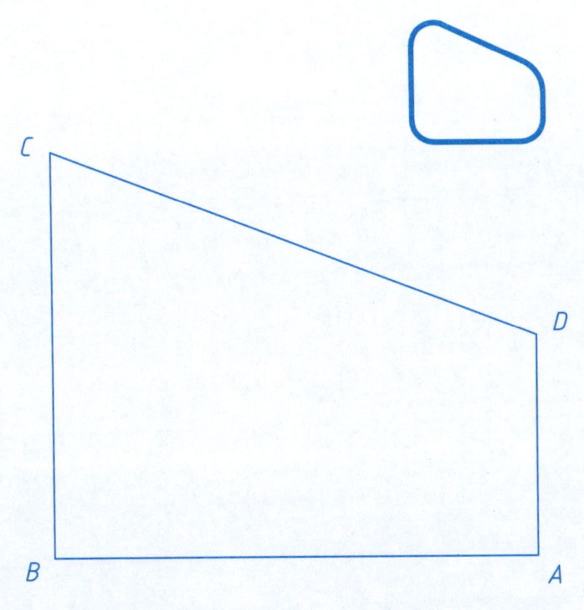

5. 参照左上角图形，用给定的条件作圆弧连接。

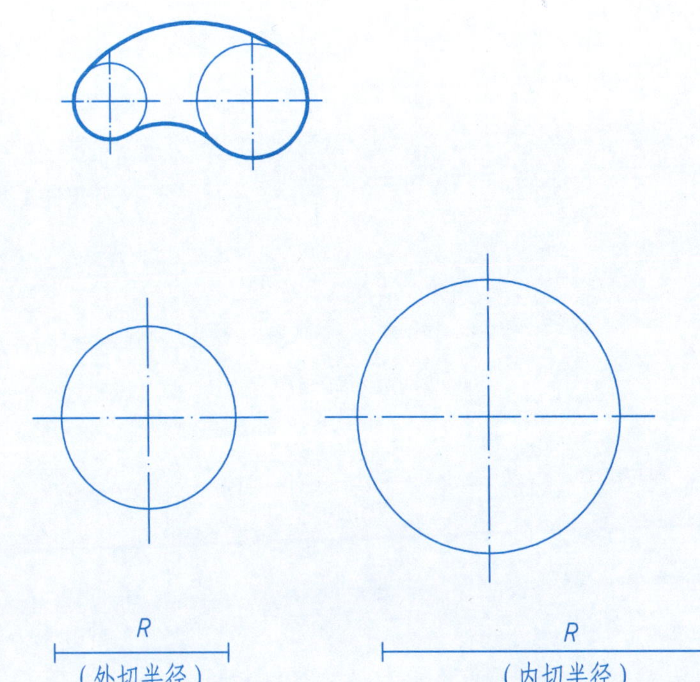

6. 参照左上角图形，用 R=12 mm 的圆弧外连接已知圆弧和已知直线。

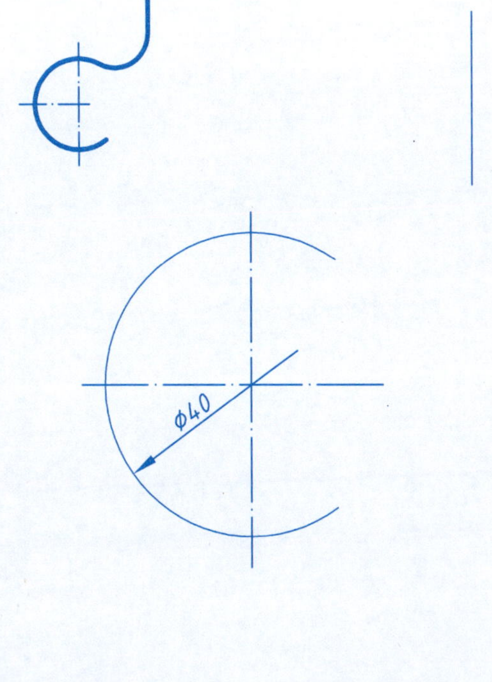

1-5 几何作图大作业（用1:2的比例画在A3图纸上，并标注尺寸）	班级		姓名		学号		页次	5

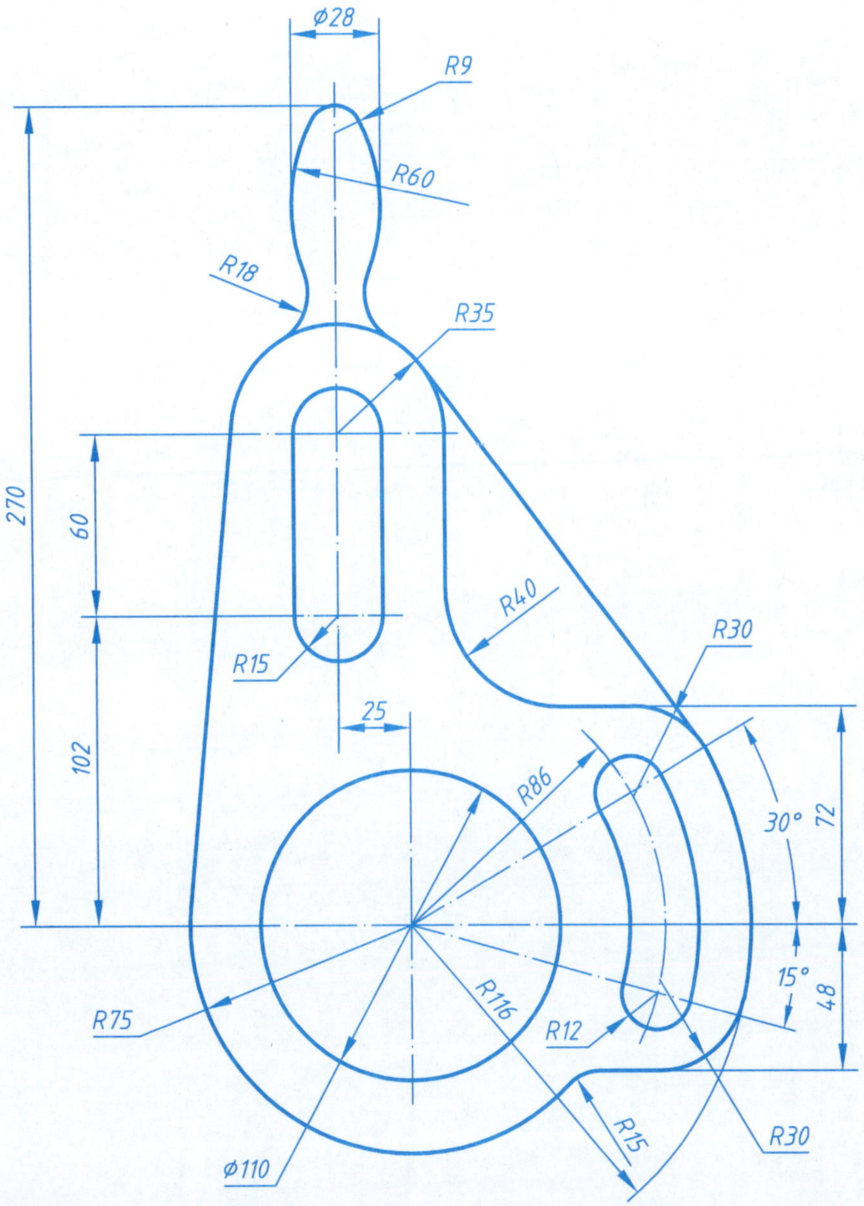

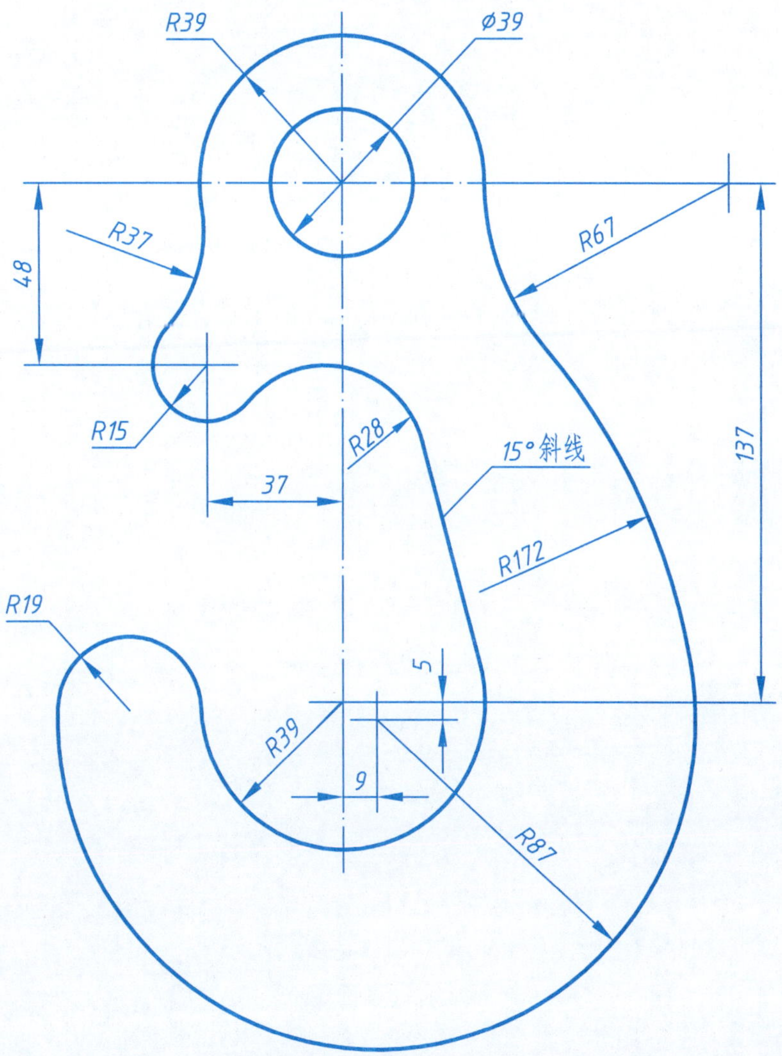

2-1 根据轴测图和一面视图，1:1画全物体的三视图（所需尺寸从图中量取）

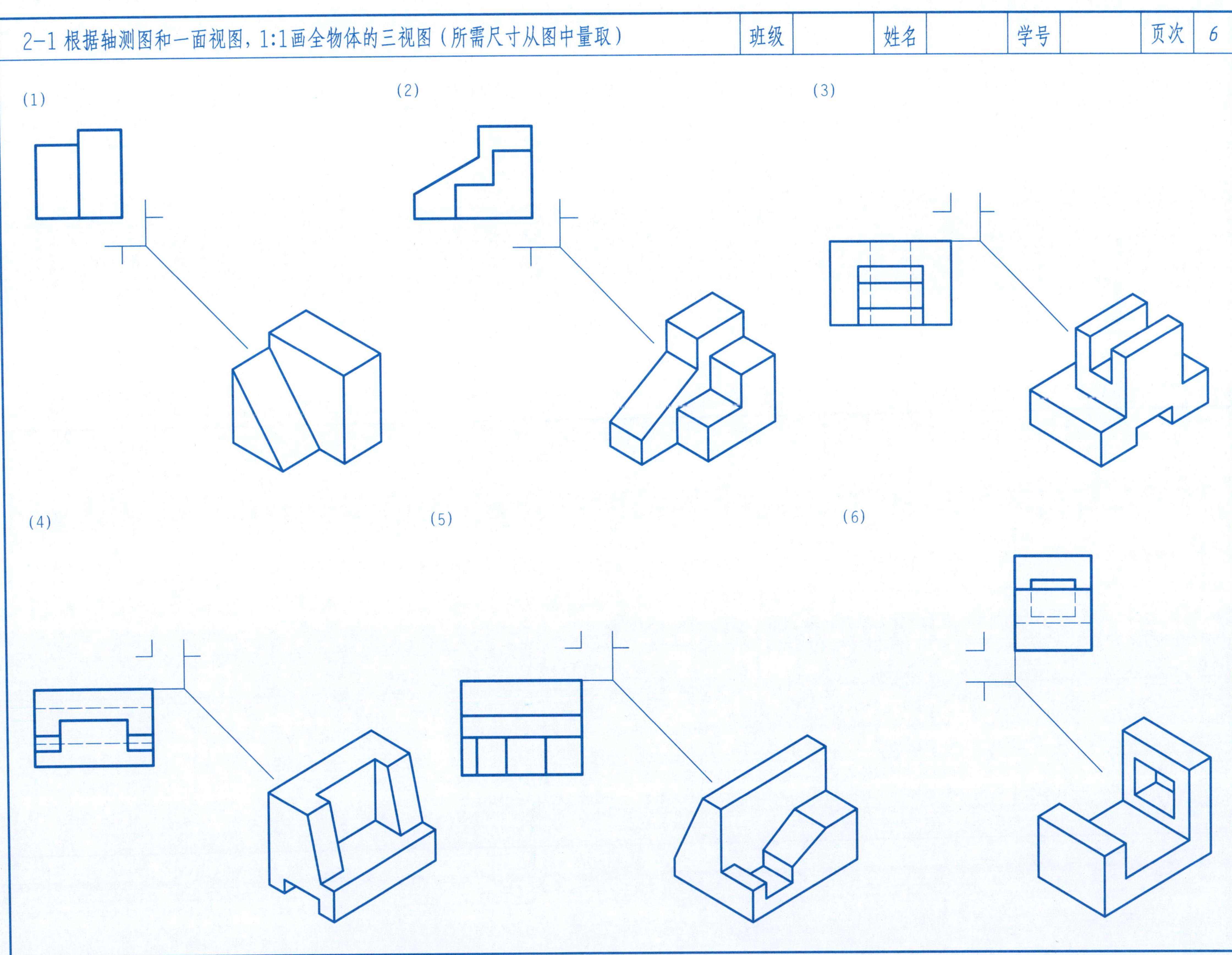

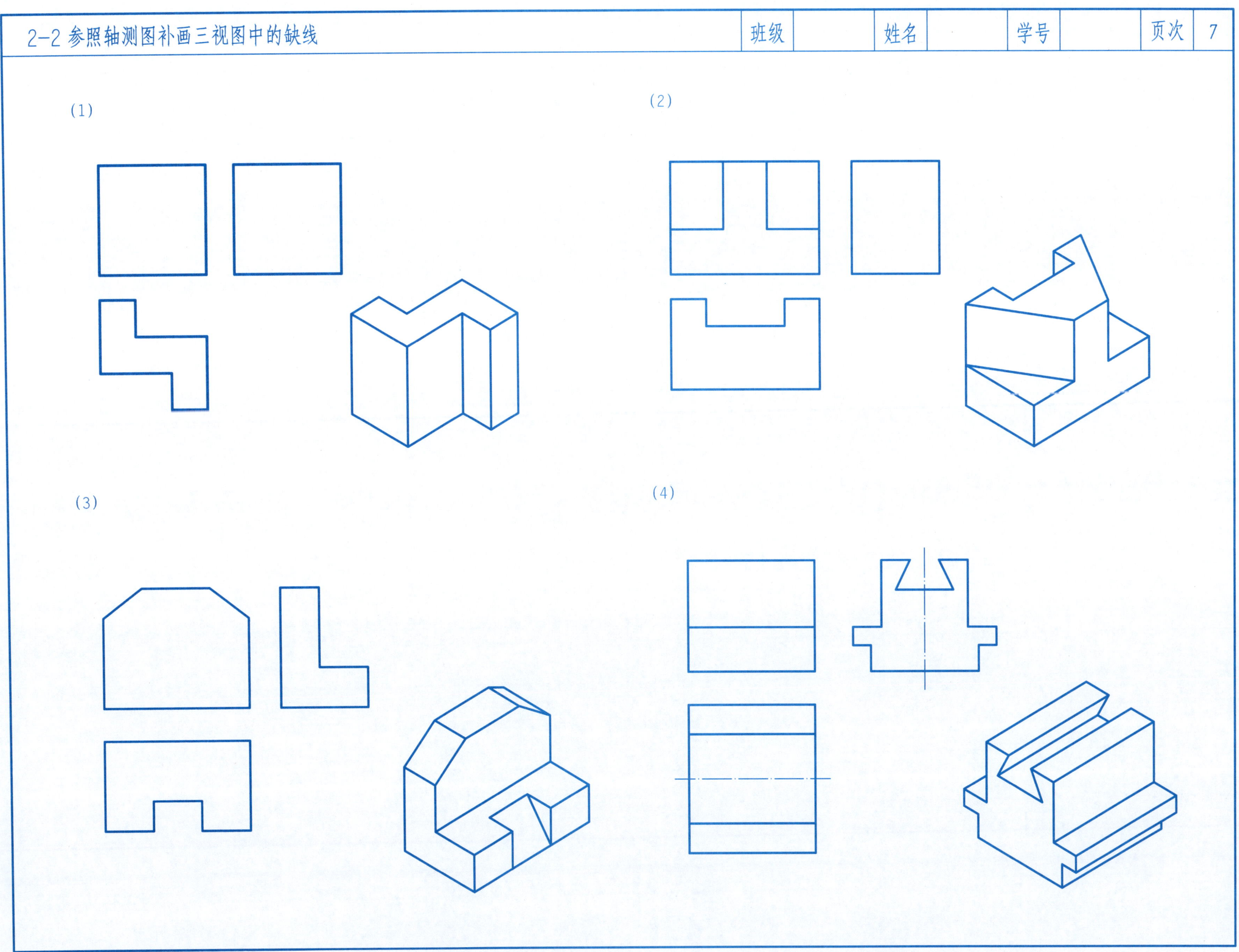
2-2 参照轴测图补画三视图中的缺线
班级
姓名
学号
页次
7
(1)
(2)
(3)
(4)

2-3 根据已知条件完成基本体的三视图	班级		姓名		学号		页次	8

1. 两底面距离为30 mm的L形柱。

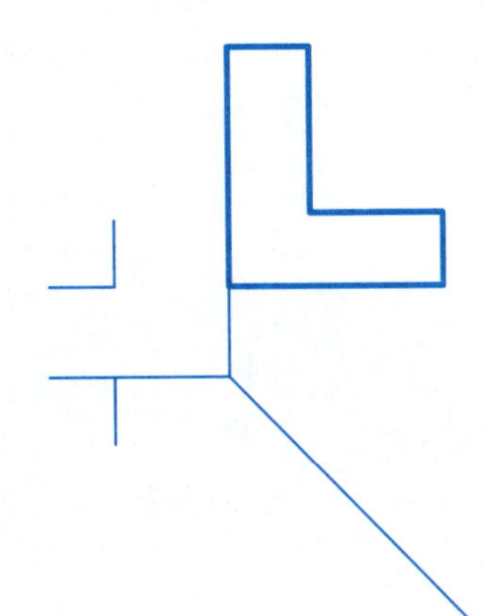

2. 两底面距离为30 mm的六棱柱。

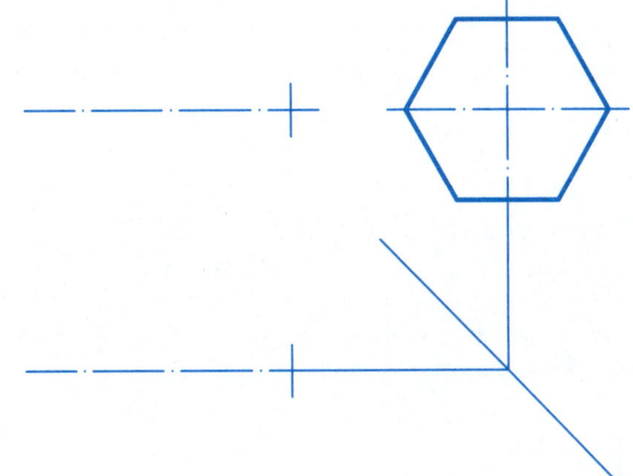

3. 两底面距离为20 mm的工形柱。

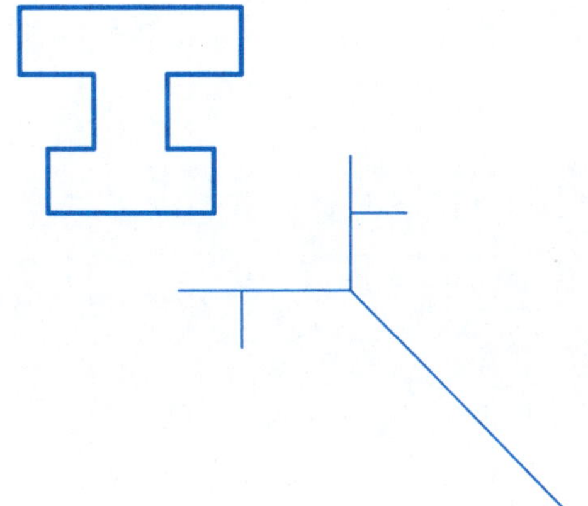

4. 高度为15 mm的半四棱台。

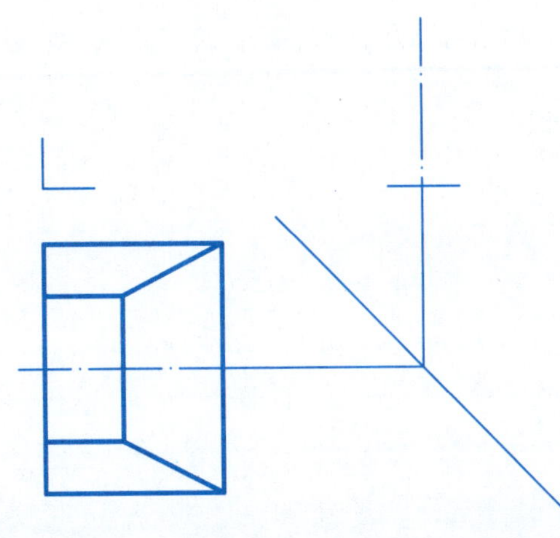

5. 两底面距离为28 mm的直八棱柱。

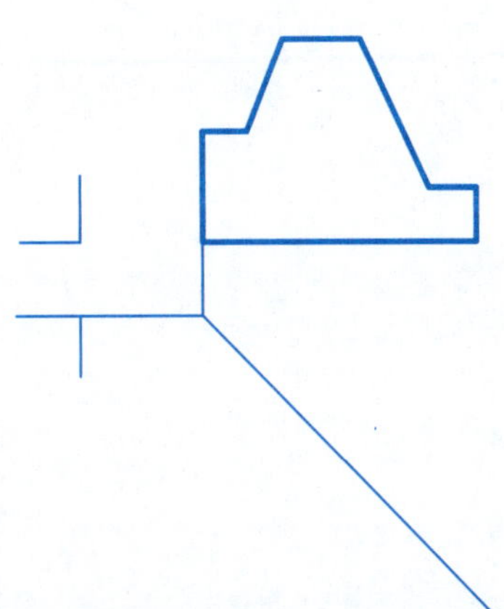

6. 锥高为20 mm的三棱锥。

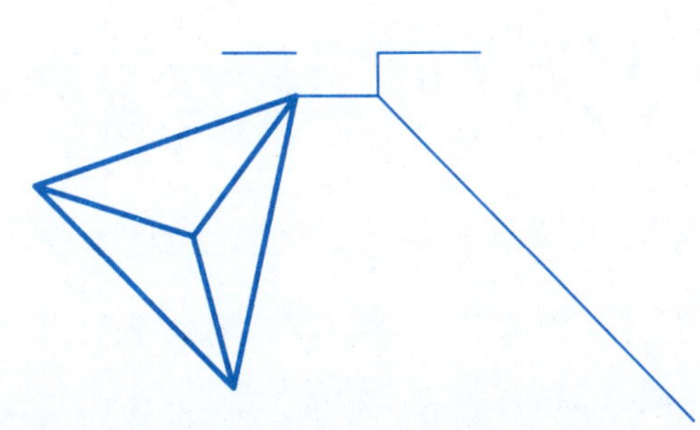

7. 圆柱。

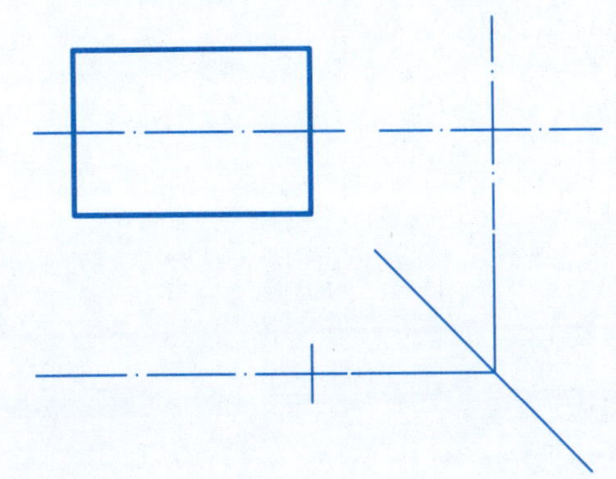

8. 两底面距离为20 mm的圆筒。

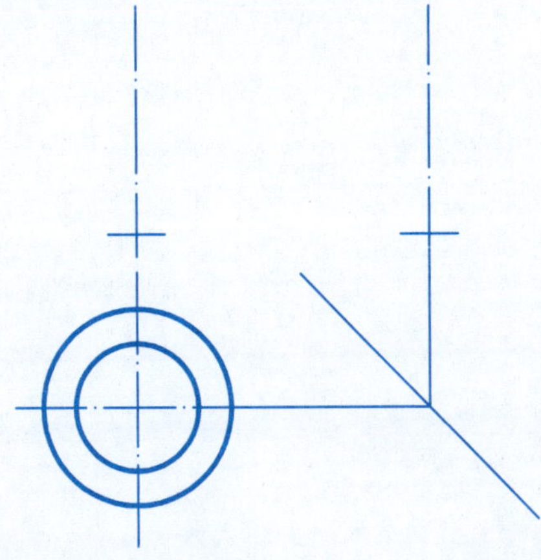

9. 两底面距离为16 mm的圆台。

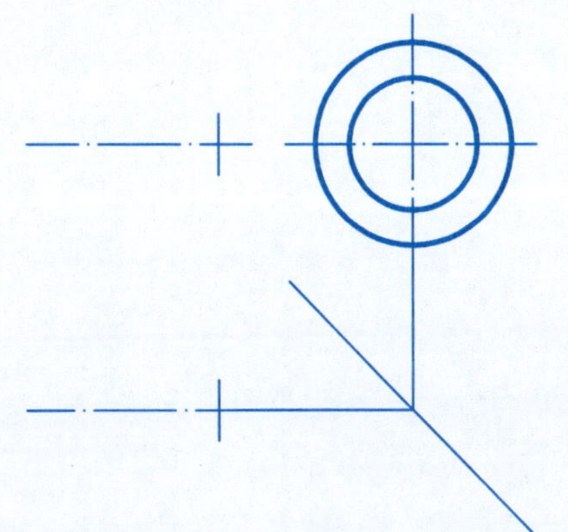

2-4 根据已知条件完成简单体的三视图	班级		姓名		学号		页次	9

1. 两底面距离为16 mm的组合柱。

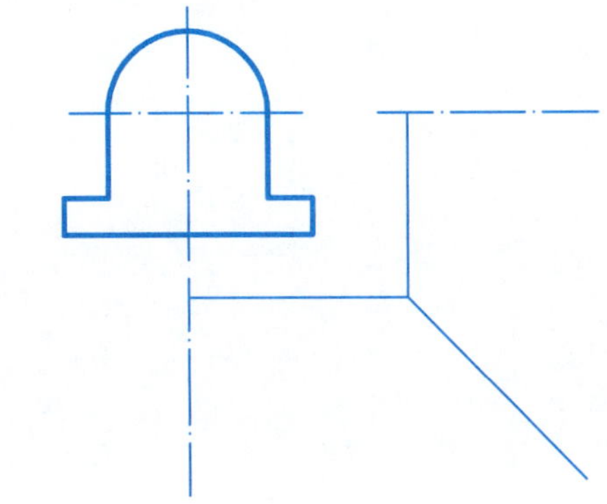

2. 两底面距离为20 mm的组合柱。

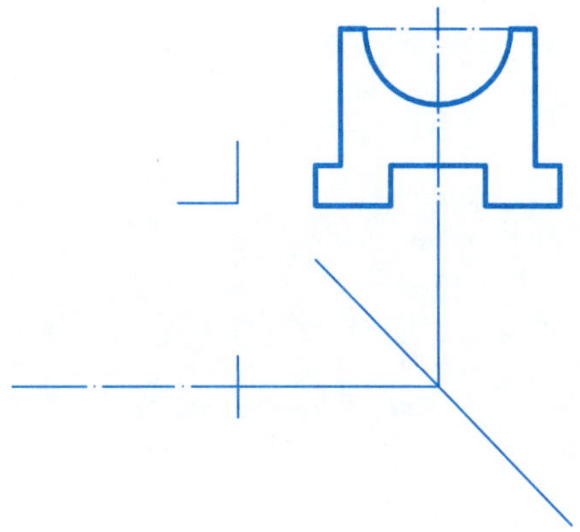

3. 两底面距离为20 mm的组合柱。

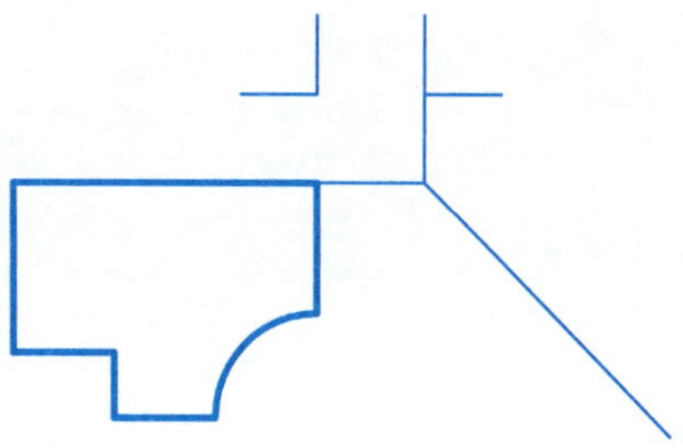

4. 两圆柱叠加。

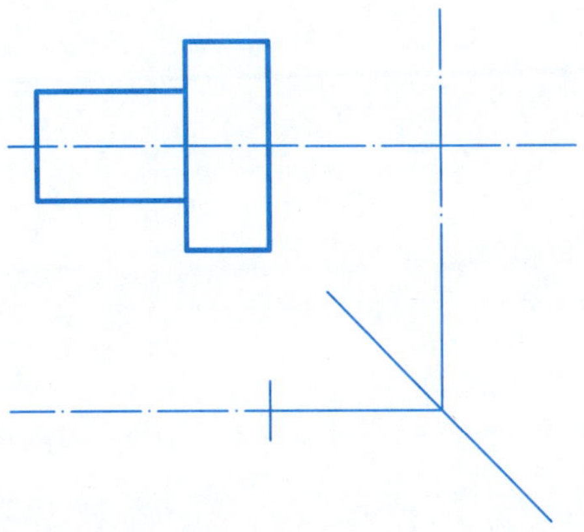

5. 半圆球与圆台叠加。

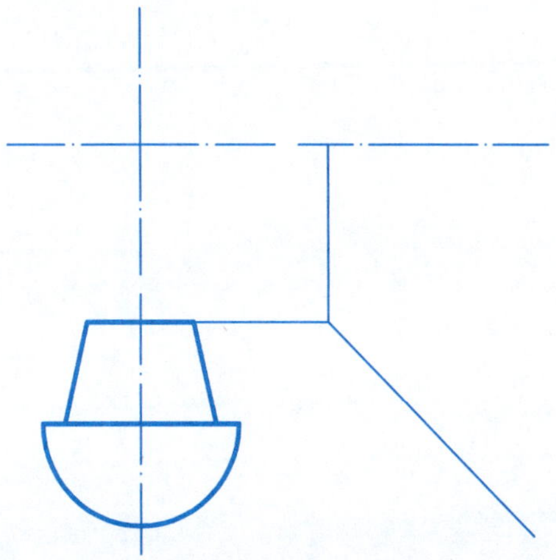

6. 两底面距离为22 mm的组合柱挖一圆柱通孔。

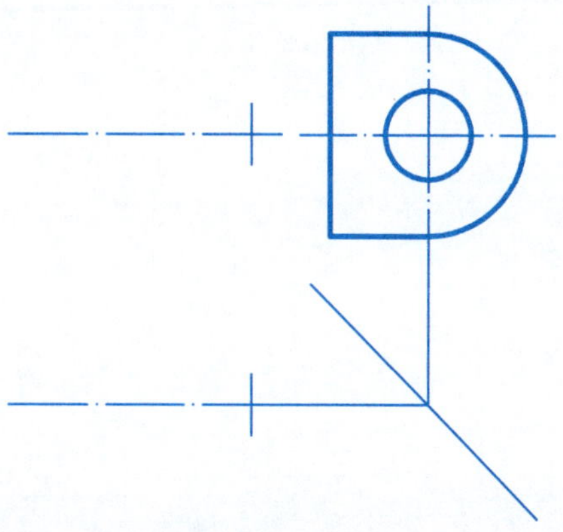

7. 根据一面视图构思形体，补画另两面视图。

(1)

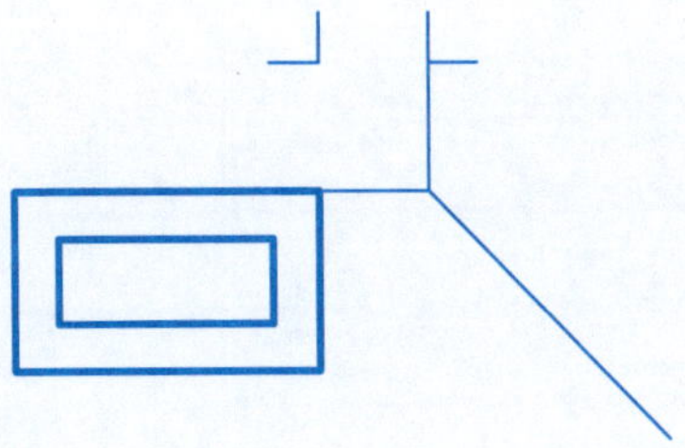

(2)

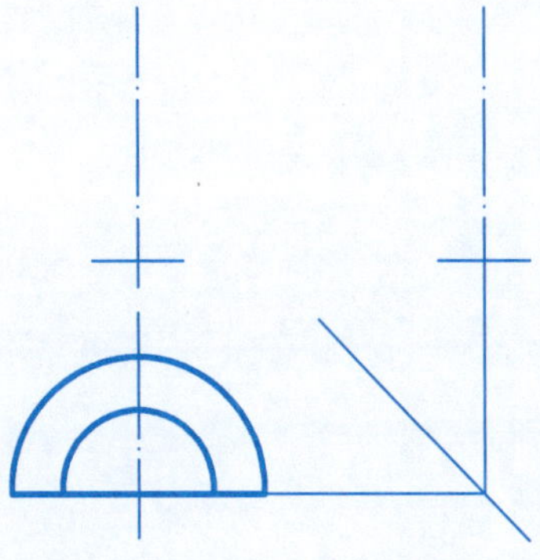

(3)

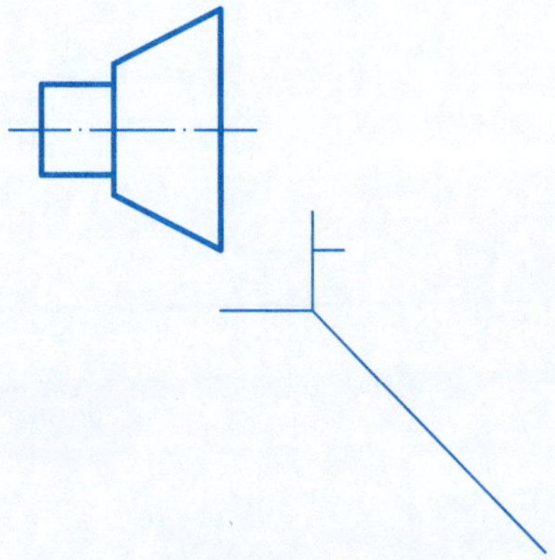

(4)

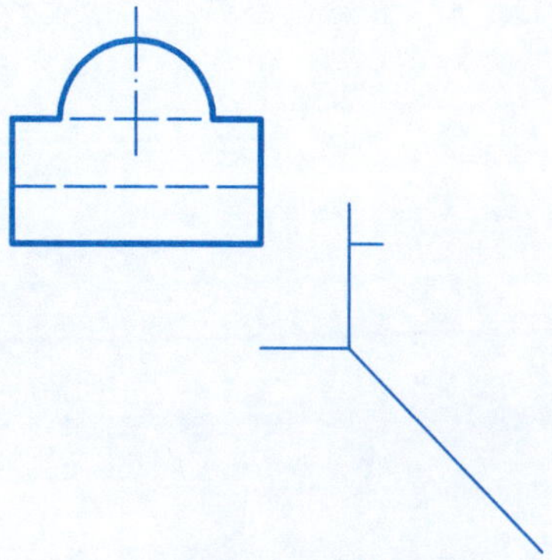

2-5 根据物体的轴测图在指定位置1:1画出三视图（尺寸直接从图中量取）	班级		姓名		学号		页次	10

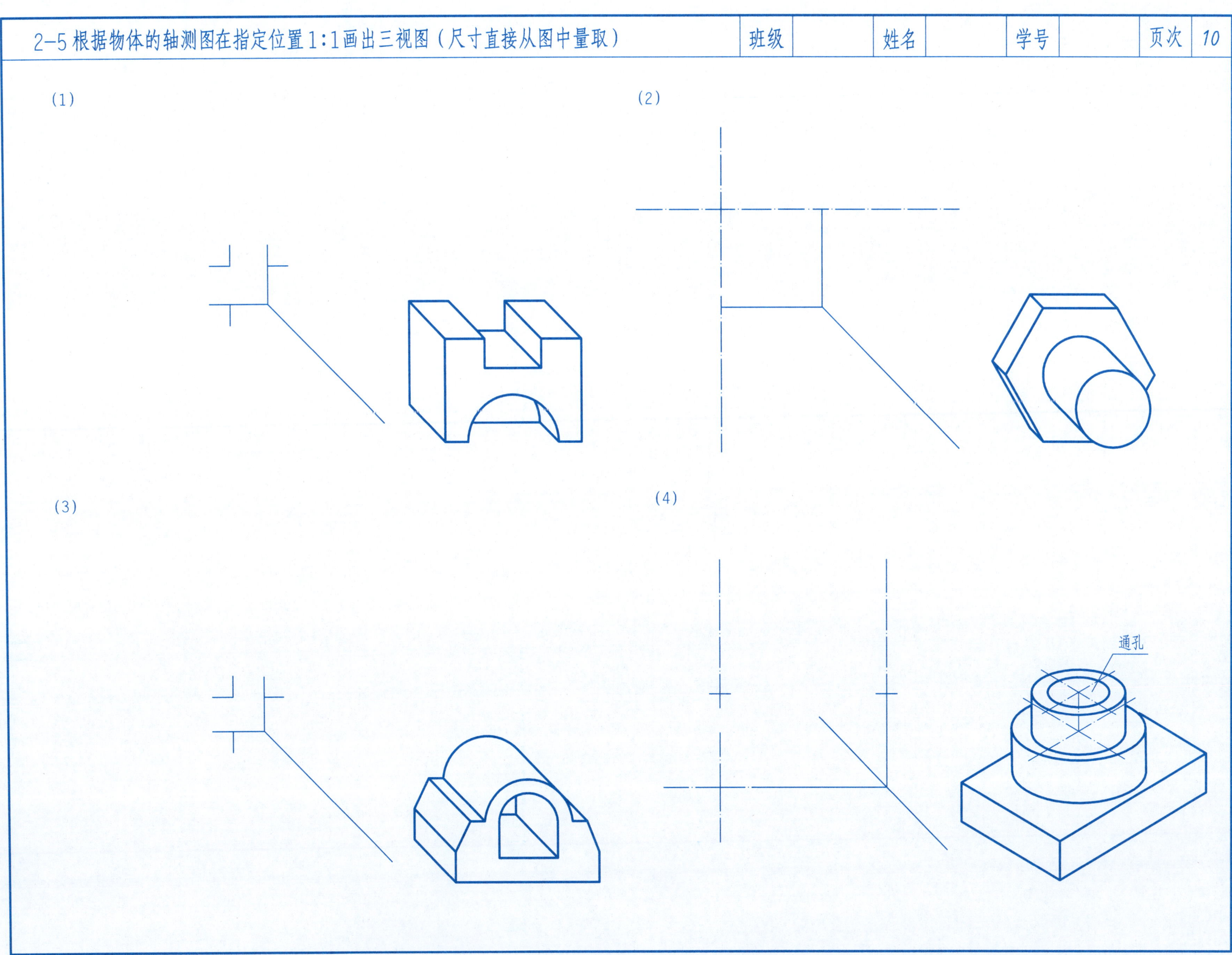

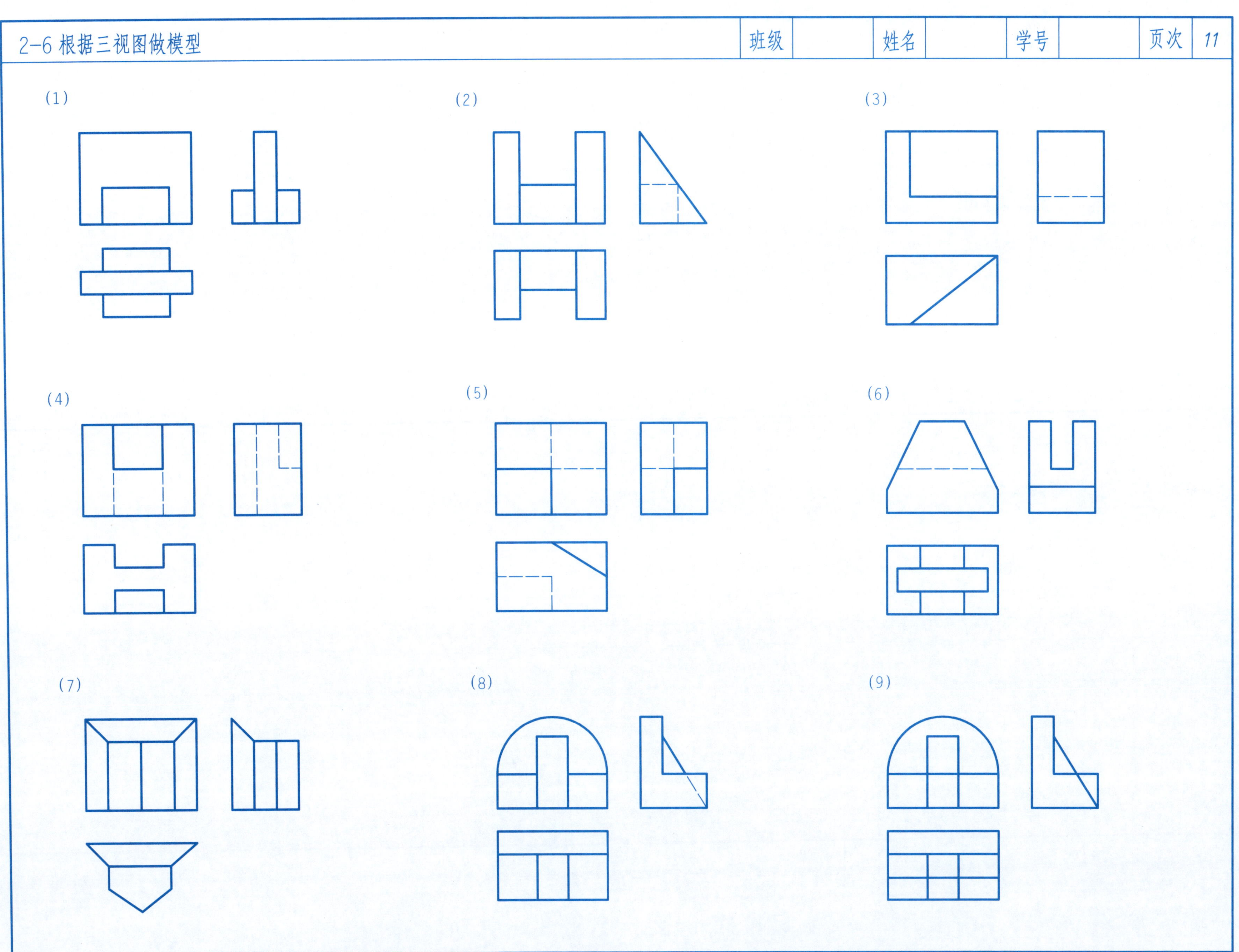

(1)
(2)
(3)
(4)
(5)
(6)
(7)
(8)
(9)

2-7 根据物体的两面视图补画第三视图

班级		姓名		学号		页次	12

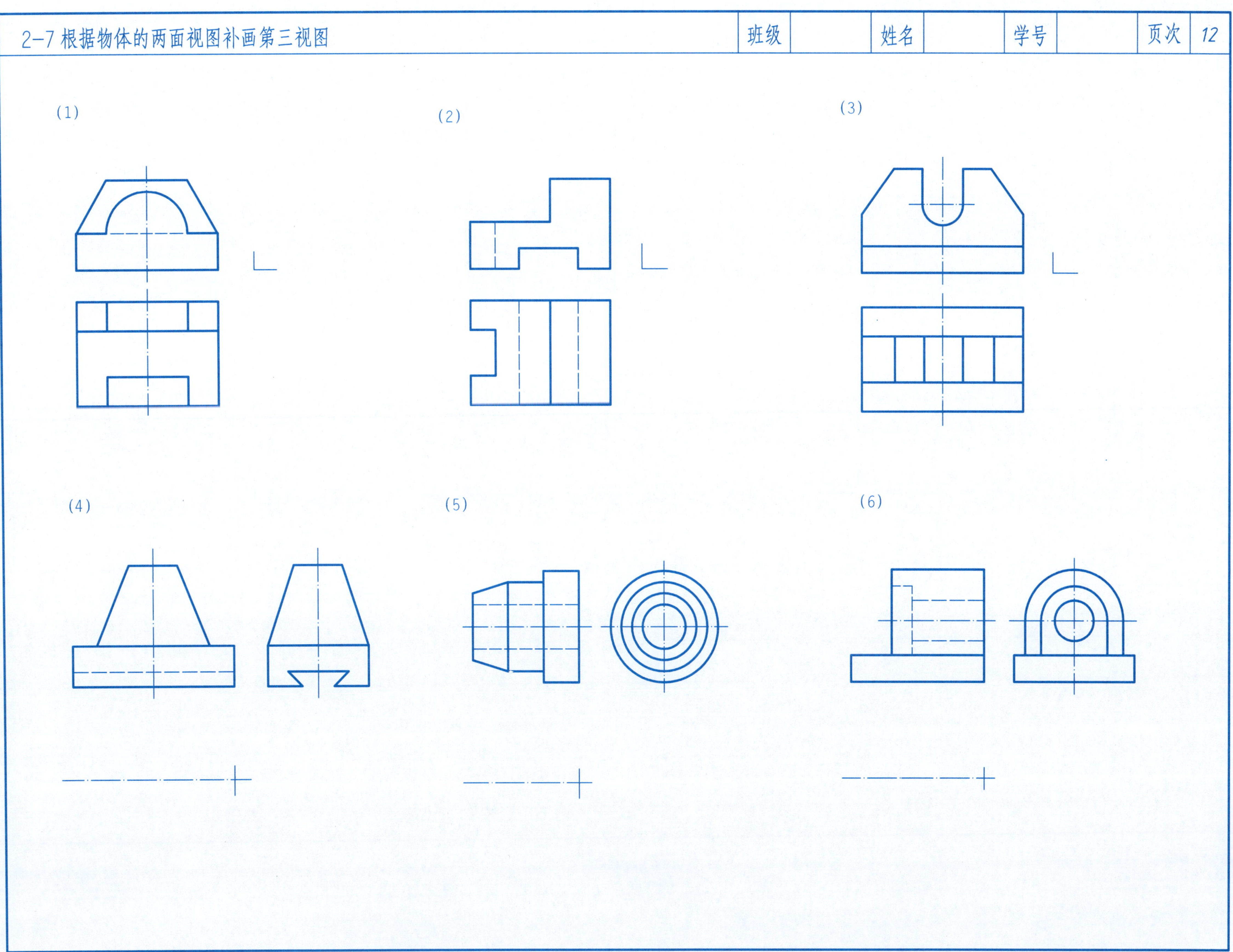

3-1 根据下列平面体的三视图，在指定位置1:1画出它们的正等测和斜二测

班级		姓名		学号		页次	13

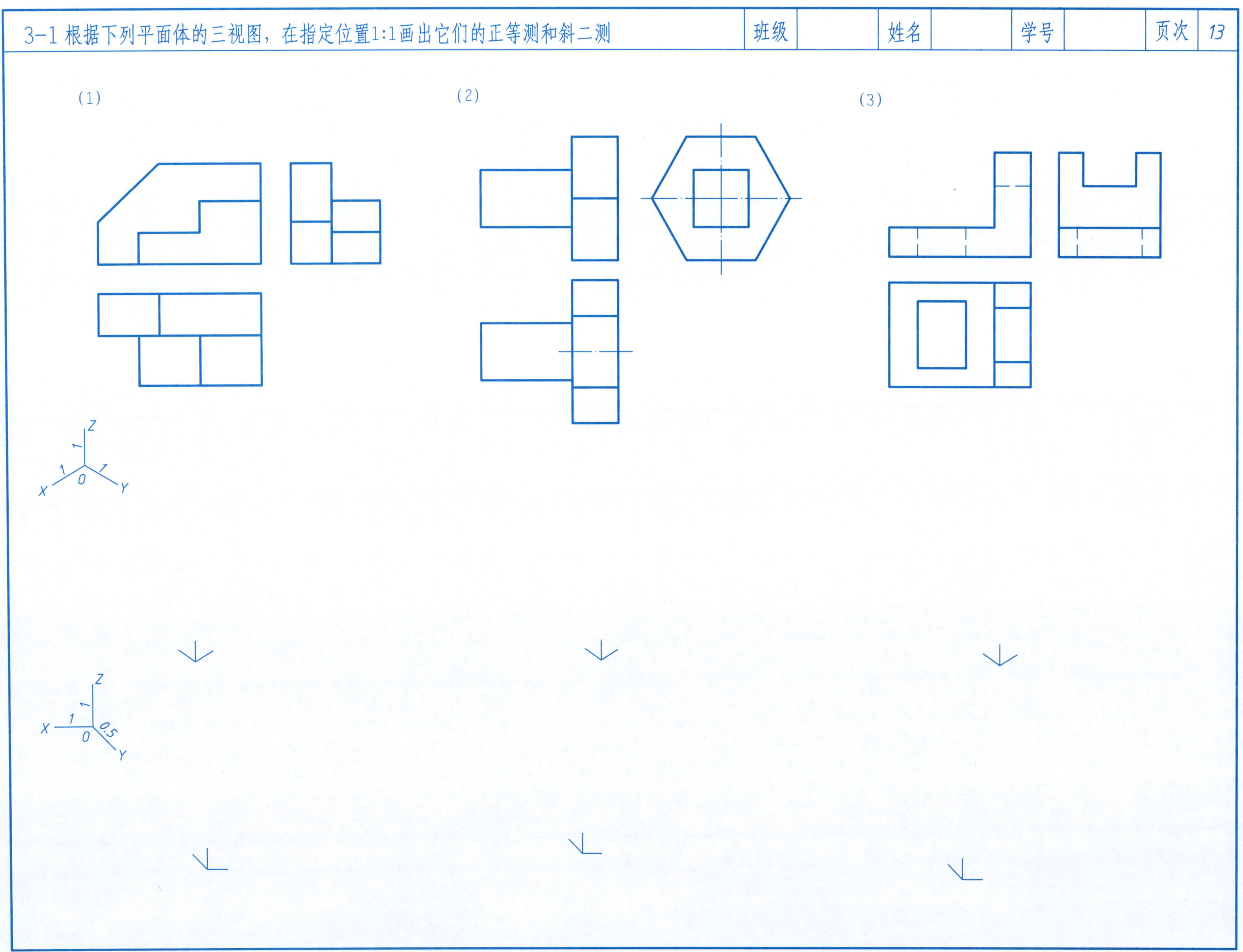

1.根据下列物体的三视图，1:1画出它们的正等测。

(1)

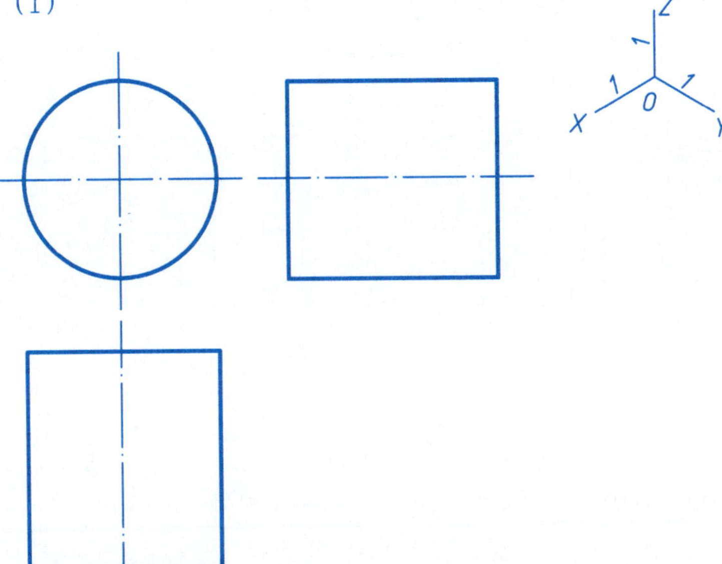

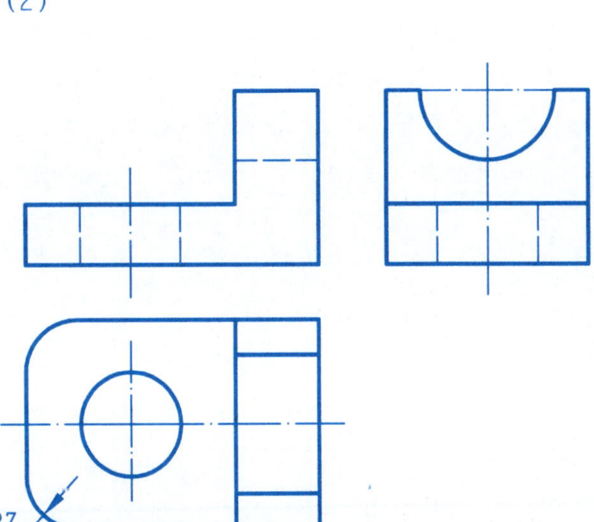

2.根据下列物体的两面视图，1:1画出它们的斜二测。

(1)

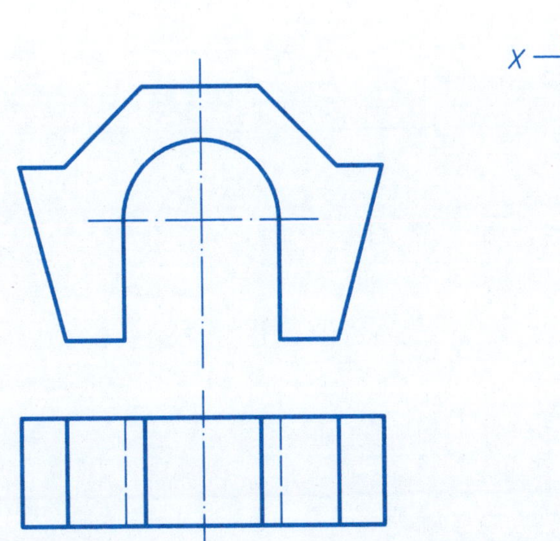

(2)

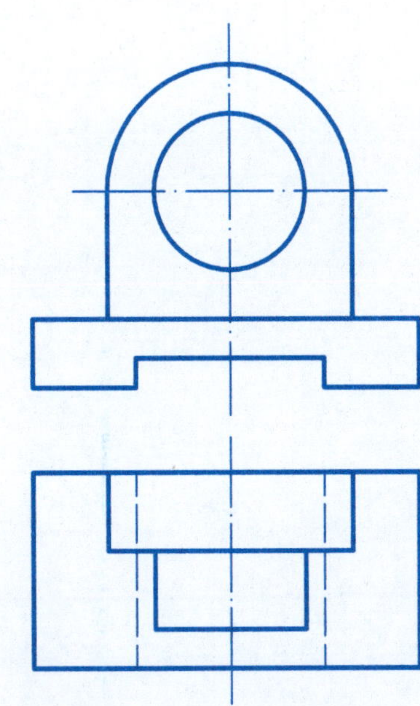

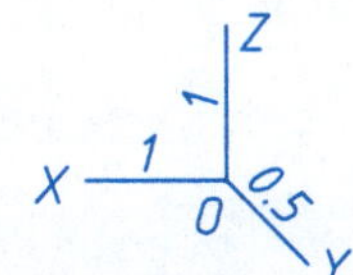

4-1 点的投影	班级		姓名		学号		页次	15

1. 画出A (10,10,20)、B(20,0,10)两点的三面投影图与直观图。

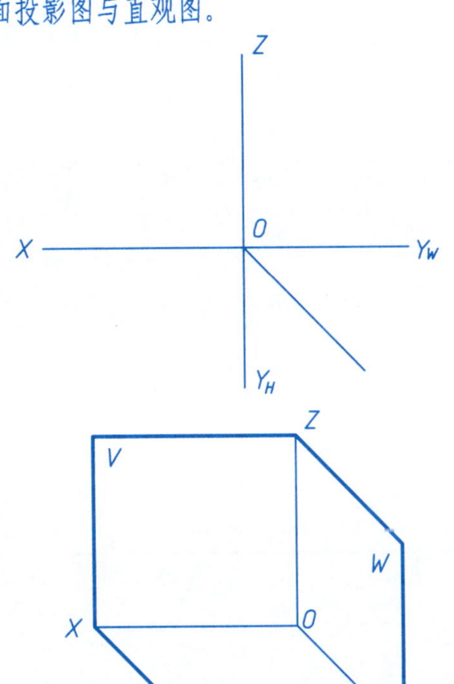

2. 已知 A、B、C 三点的两面投影，求作第三投影。

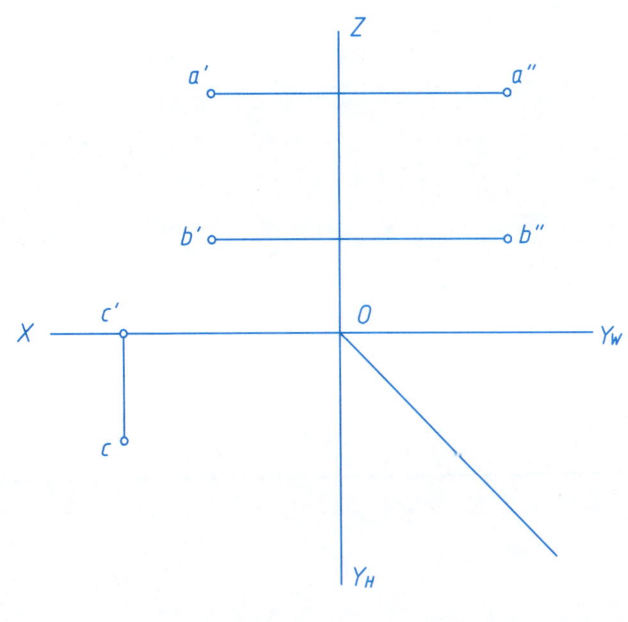

3. 已知 A 点距 V 面 15 mm，B 点距 H 面 25 mm，C 点在 W 面上，完成 A、B、C 三点的三面投影。

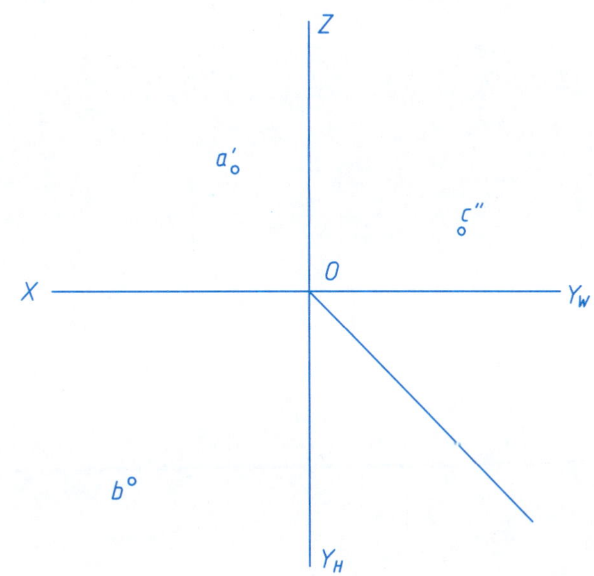

4. 已知各点的三面投影，填写各点与投影面的距离（单位：mm）。

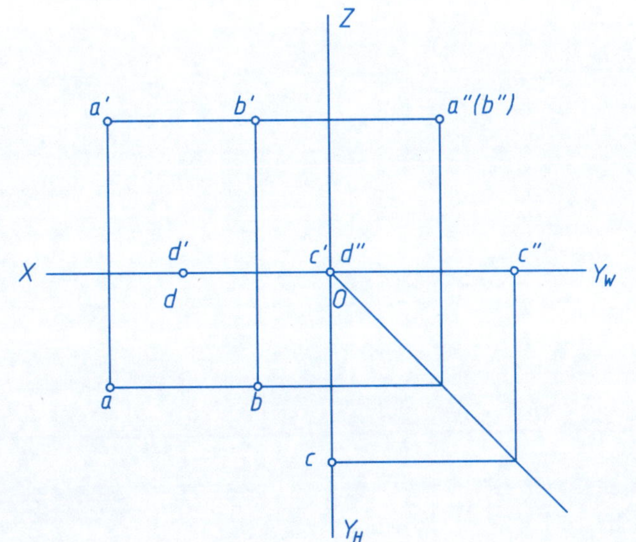

	距V面	距H面	距W面
A点			
B点			
C点			
D点			

5. 已知立体的三视图和立体上A、B、C、D点的投影，判断各点的相对位置。

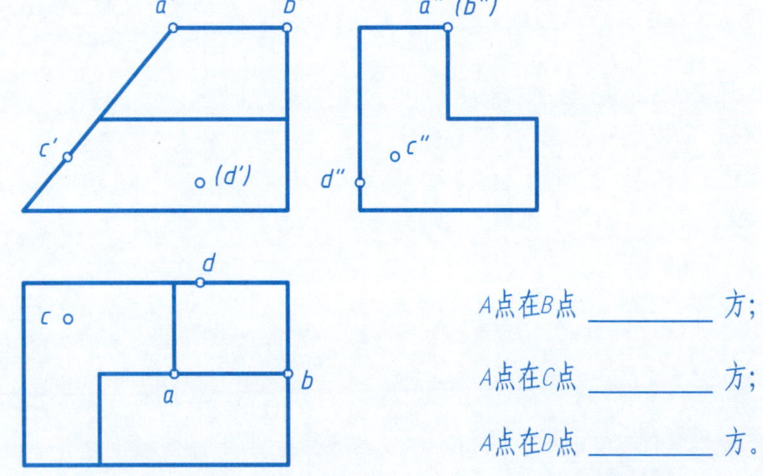

A点在B点 ________ 方；

A点在C点 ________ 方；

A点在D点 ________ 方。

4-2 直线的投影

班级		姓名		学号		页次	16

1. 求作直线AB的第三投影，完成直线上K点的三面投影。

2. 已知正平线AB的正面投影和A点的水平投影，完成直线AB的三面投影。

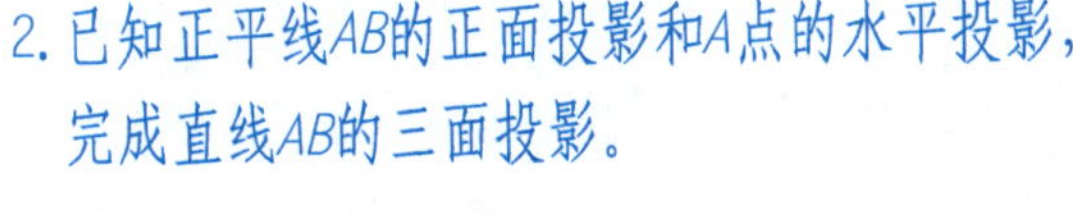

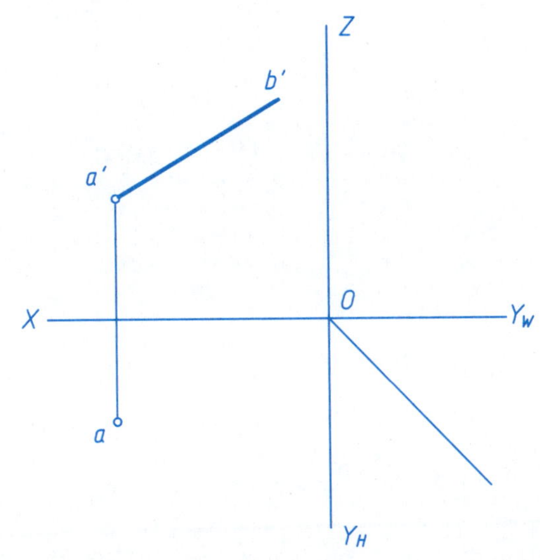

3. 已知侧垂线CD的正面投影和C点的水平投影，完成直线CD的三面投影。

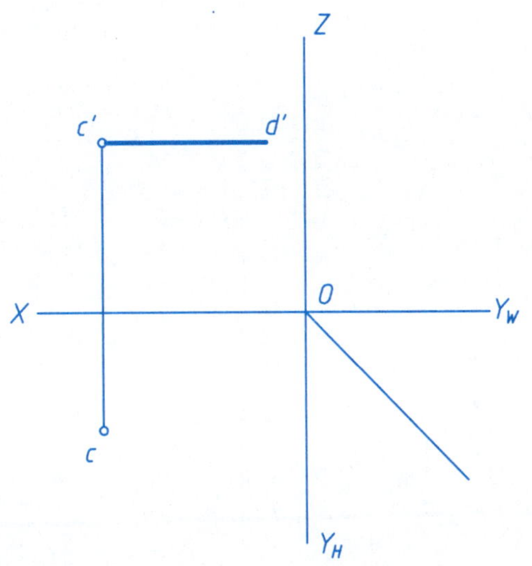

4. 判断下列直线的空间位置，并测量线段的实长(没有显示实长的填无)。

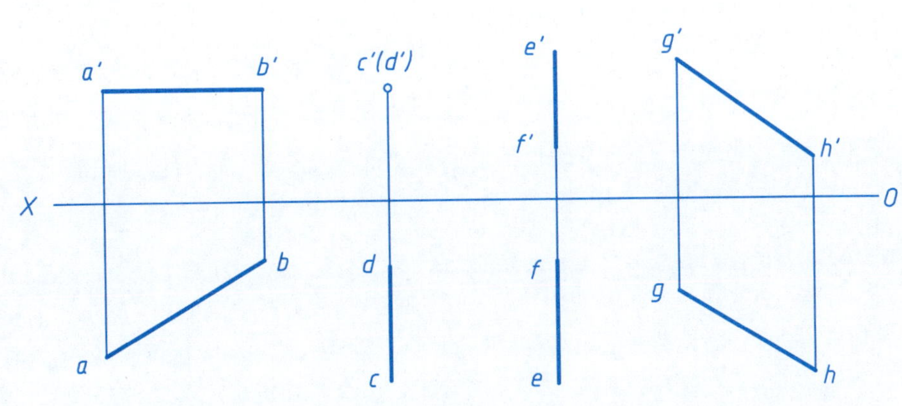

直线	AB	CD	EF	GH
空间位置				
实长（mm）				

5. 判断下列两直线的相对位置（平行、相交或垂直相交、交叉）。

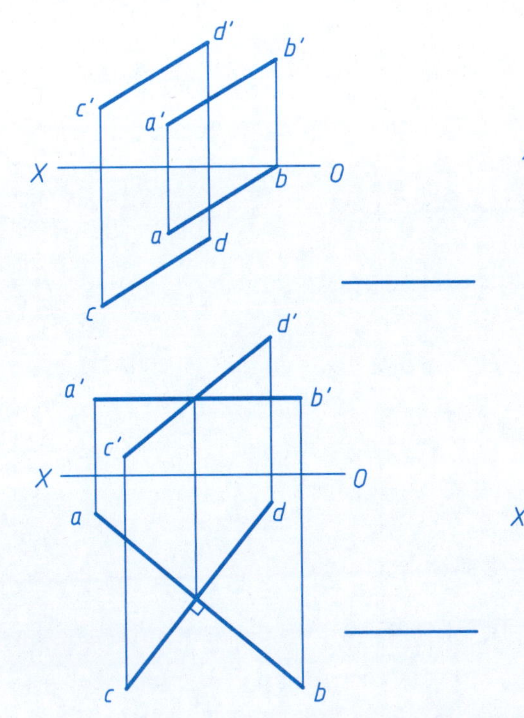

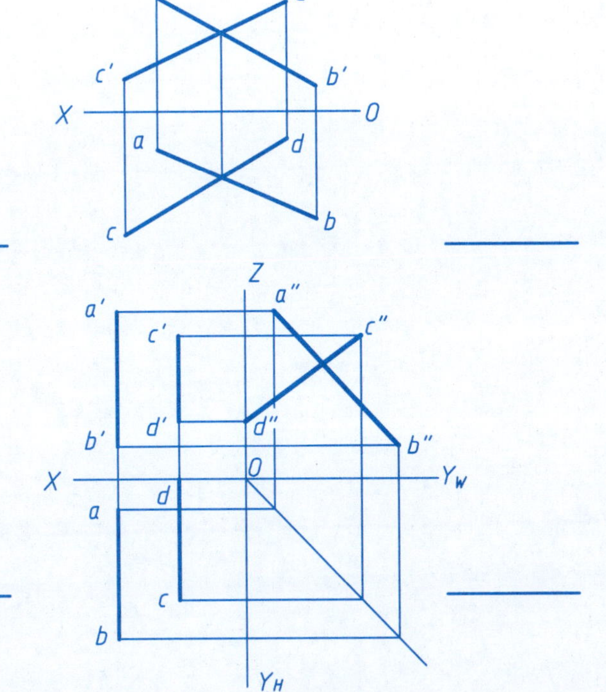

______

______

______

______

4-3 平面的投影

1. 已知平面的两面投影，求作平面的第三投影。

2. 完成平面与平面上K点的三面投影。

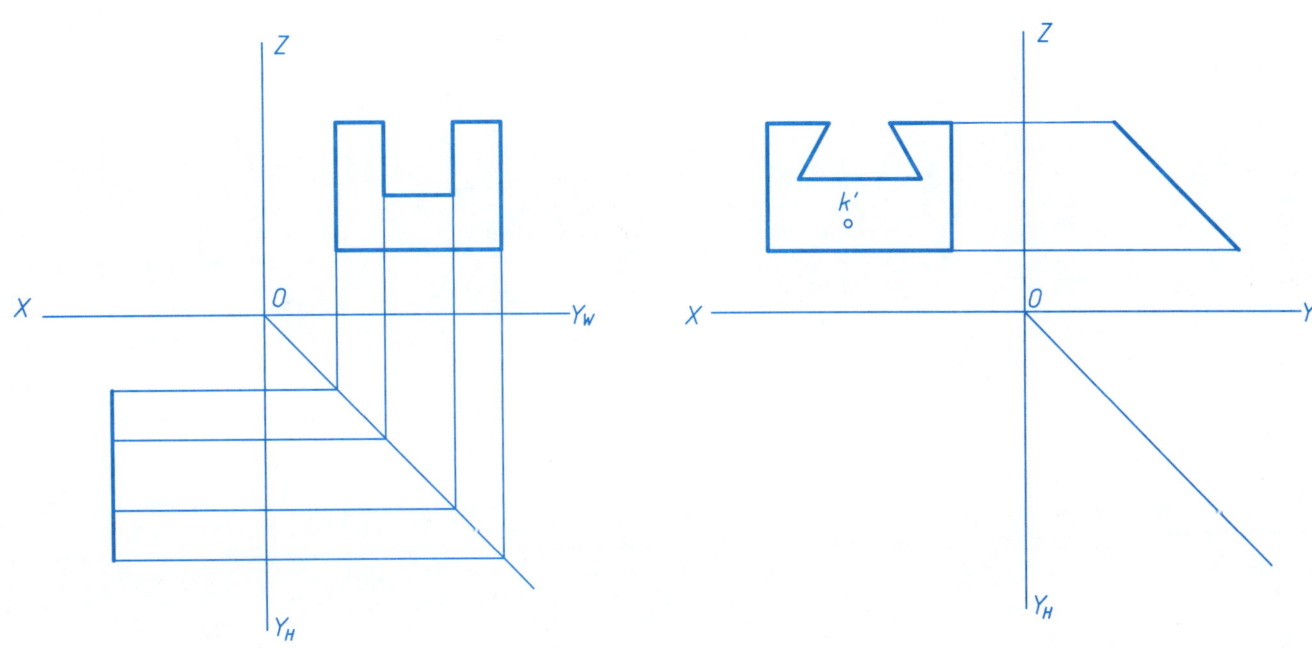

3. 已知M点和N点在平面△ABC上，求出平面的侧面投影和M点、N点的另两面投影。

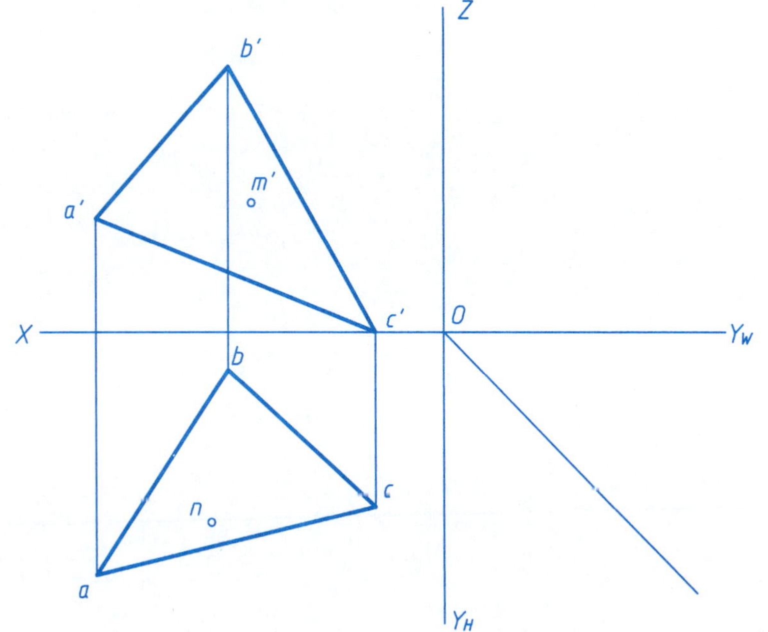

4. 判断下列平面的空间位置，并指出反映实形的投影(没有显示实形的填无)。

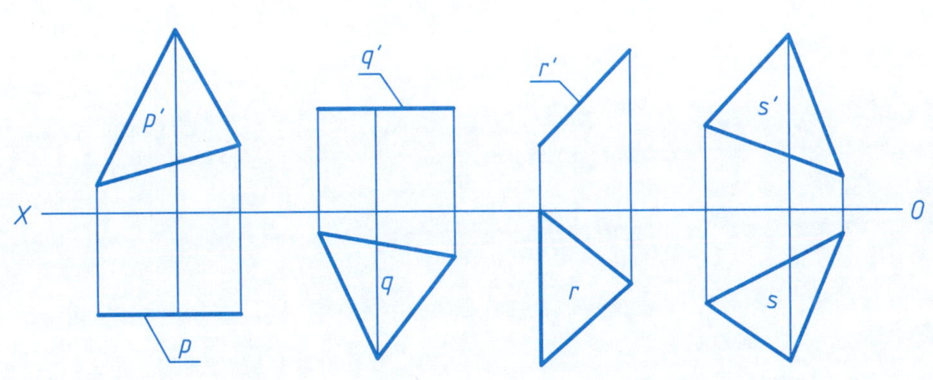

	P平面	Q平面	R平面	S平面
空间位置				
实形投影				

5. 分析三视图中所标平面的投影，判断它们的空间位置。

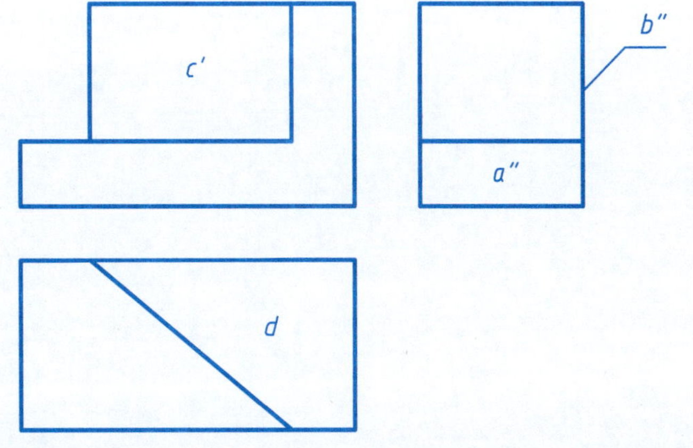

	A平面	B平面	C平面	D平面
空间位置				

4-4 体表面取点	班级		姓名		学号		页次	18

1.完成六棱柱表面上点的其余投影。

2.完成三棱锥表面上点的其余投影。

3.完成四棱台表面上点的其余投影。

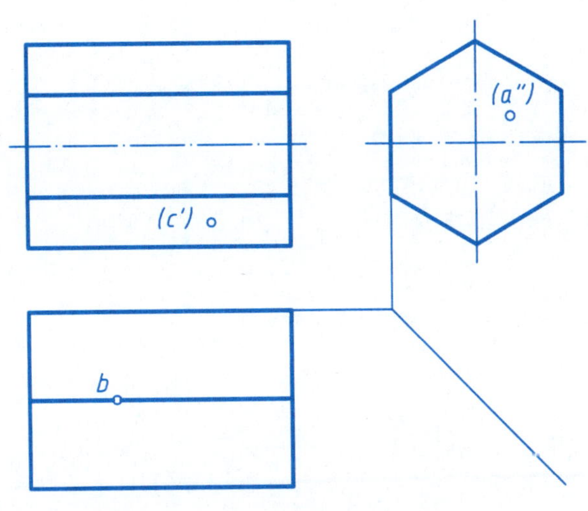

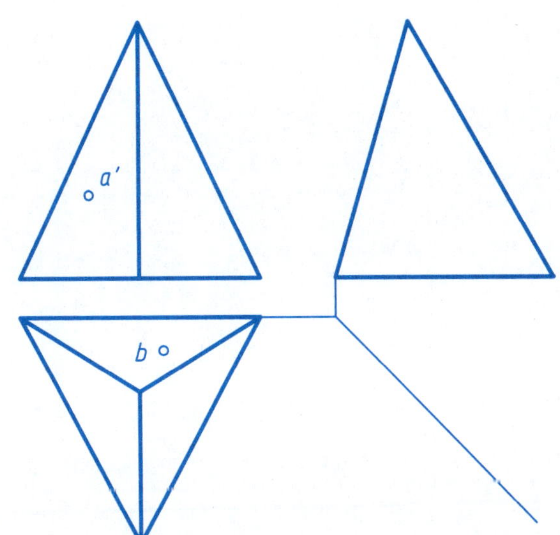

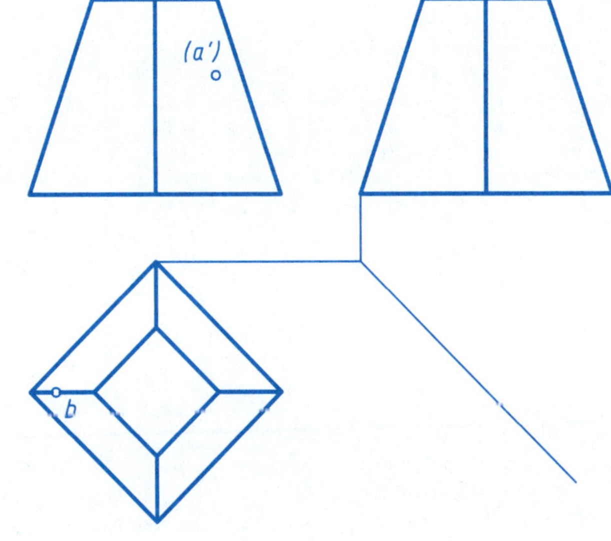

4.完成圆柱表面上点的其余投影。

5.完成圆锥表面上点的其余投影。

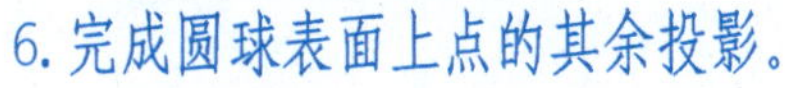
6.完成圆球表面上点的其余投影。

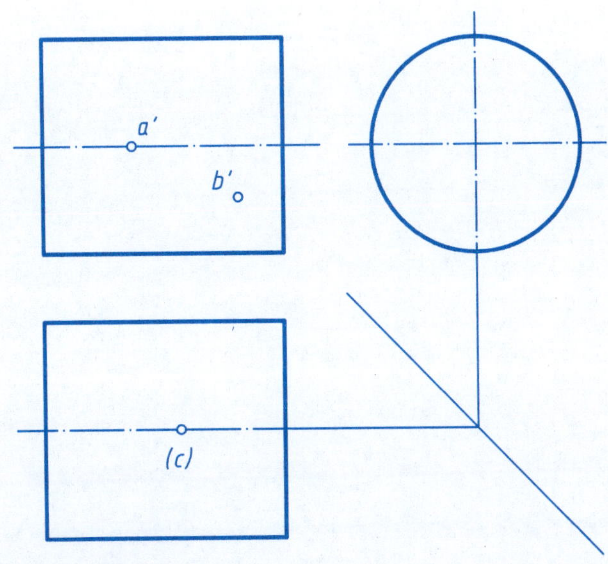

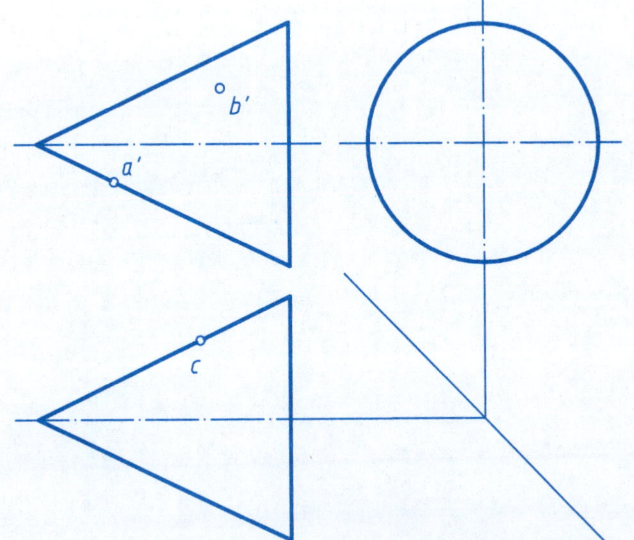

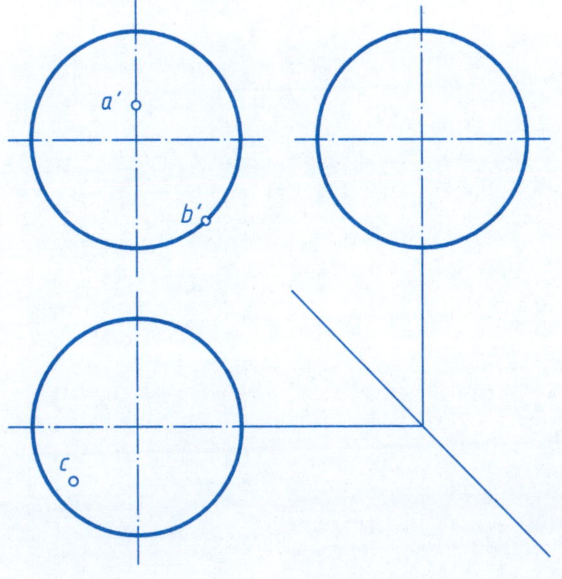

1. 完成三棱锥截切的三视图。

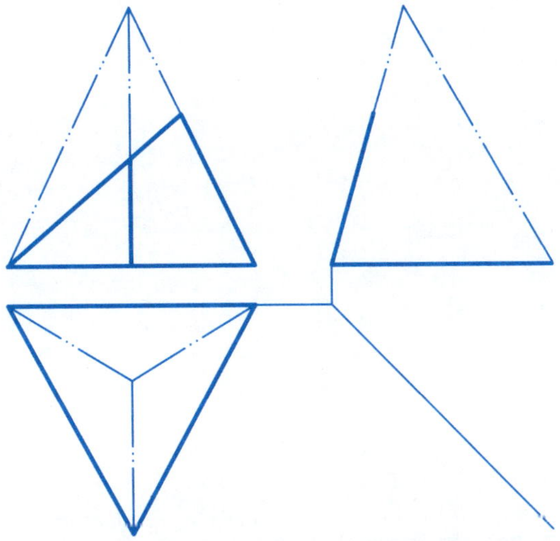

2. 完成三棱柱截切的三视图。

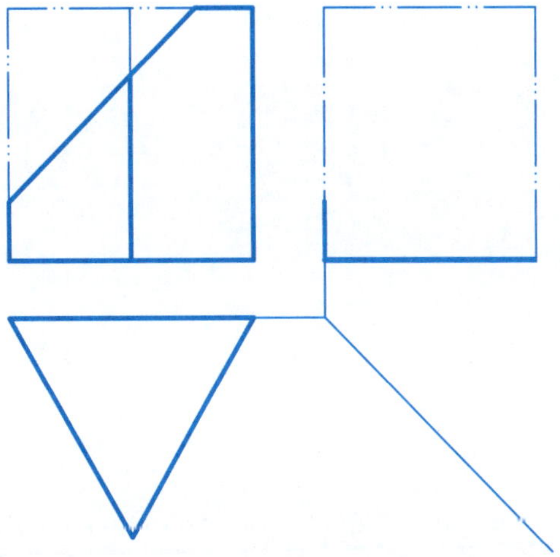

3. 补画直八棱柱截切的俯视图。

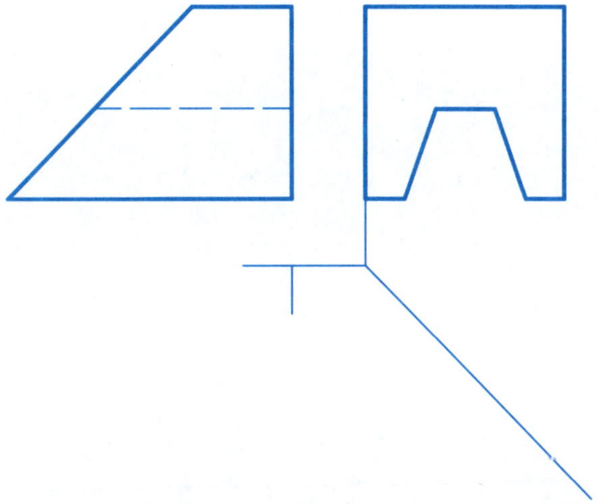

4. 读图选择正确的左视图，并在空当处徒手画出轴测图。

(1)

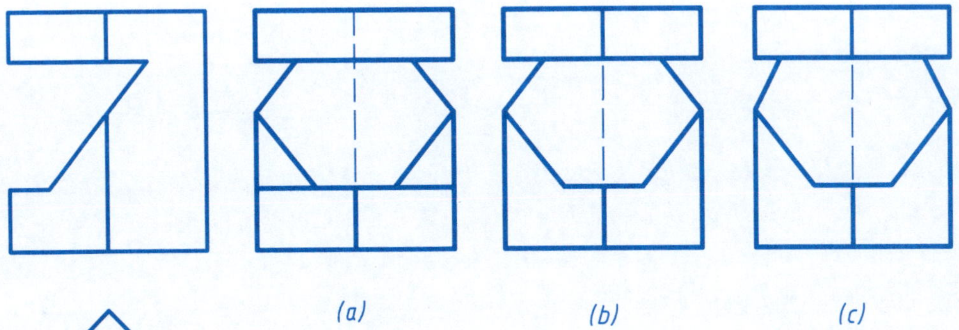

(a) (b) (c)

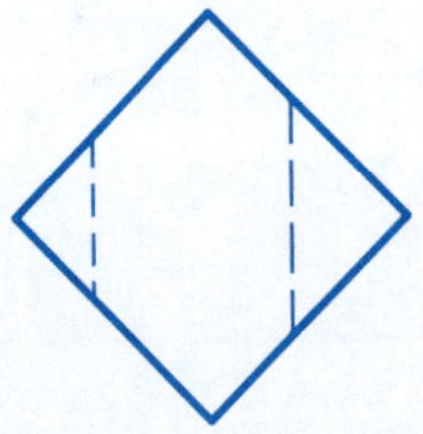

正确的左视图是______。

(2)

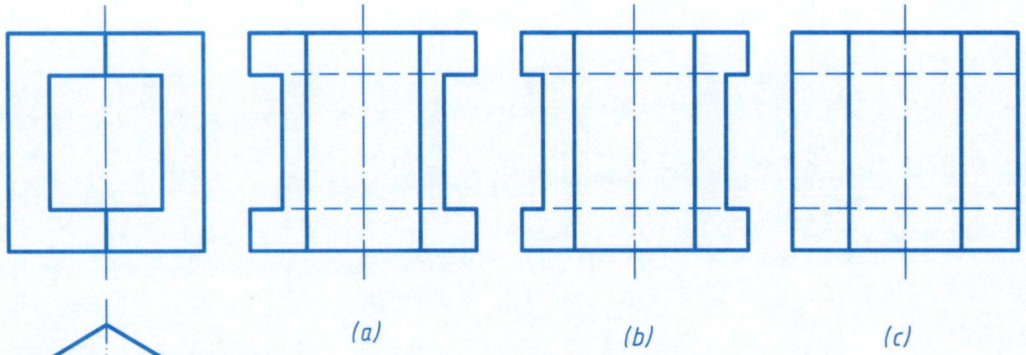

(a) (b) (c)

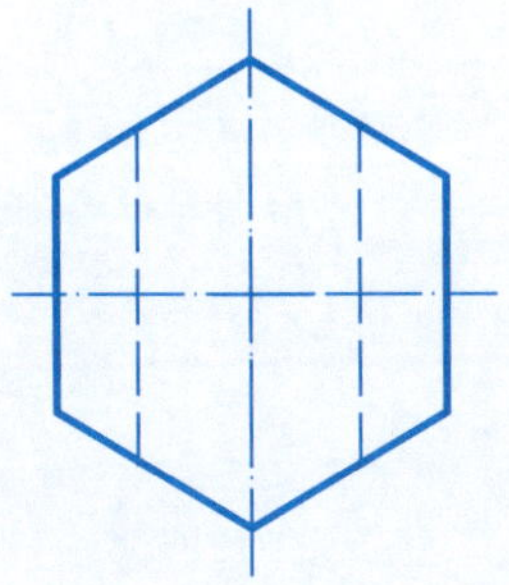

正确的左视图是______。

5-2 曲面体的截交线(一)

1.完成下列圆柱截切的三视图(要求：①保留作图线；②求作椭圆交线时，求一对中间点)。

(1)

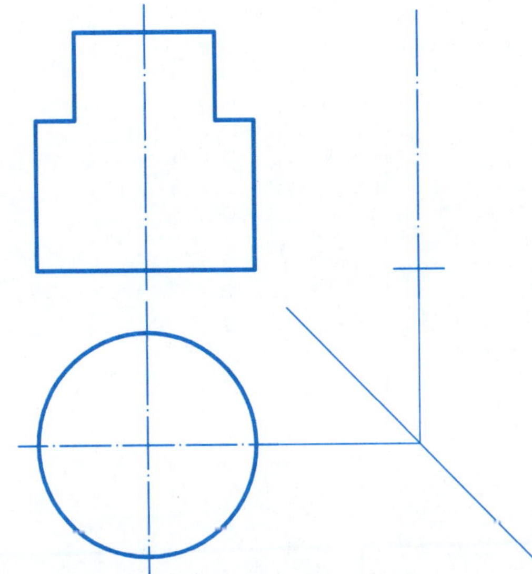

(2)

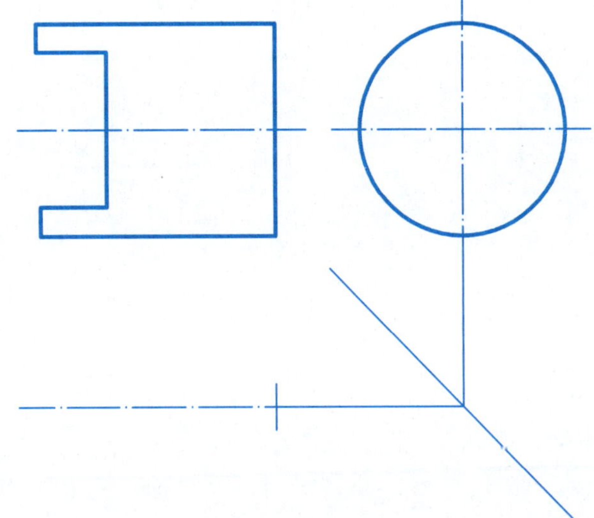

(3)

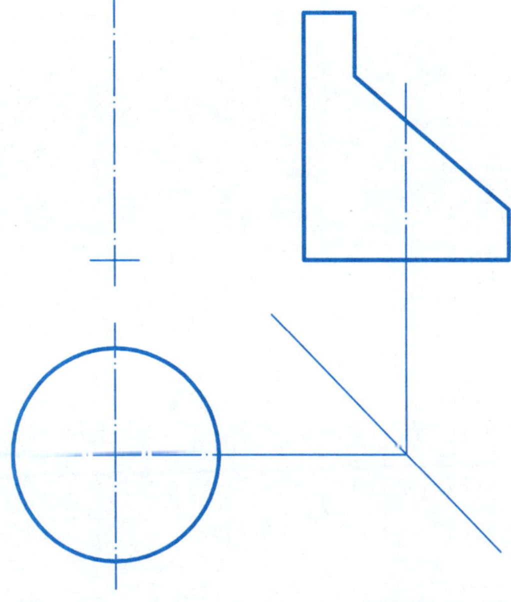

2.读图选择正确的俯视图，并在空当处徒手画出轴测图。

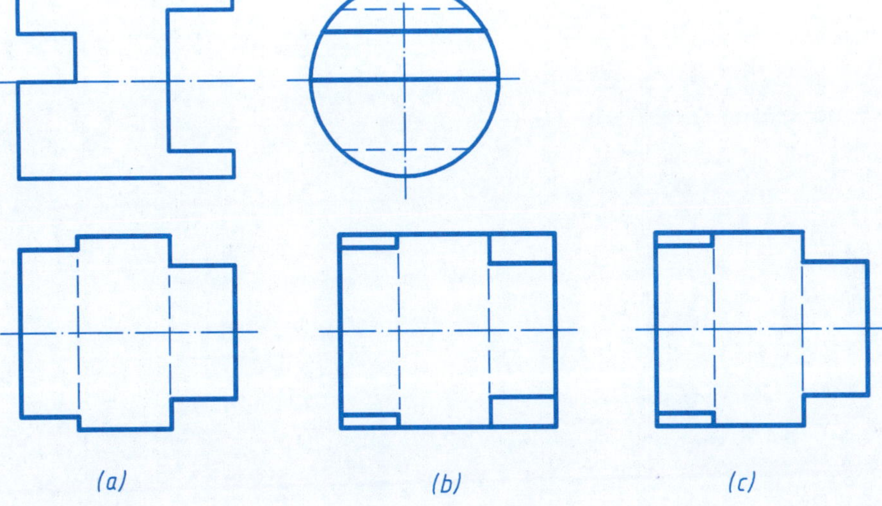

正确的俯视图是 ______ 。

3.读图选择正确的左视图，并在空当处徒手画出轴测图。

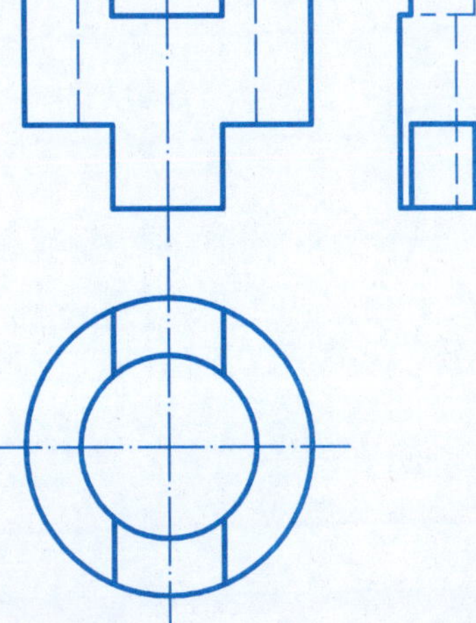

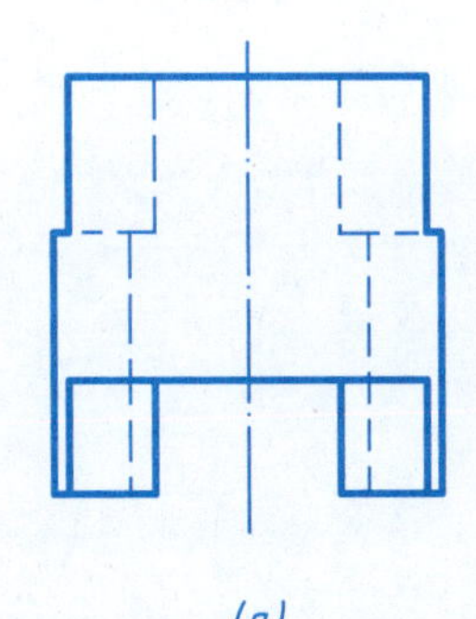

(a)

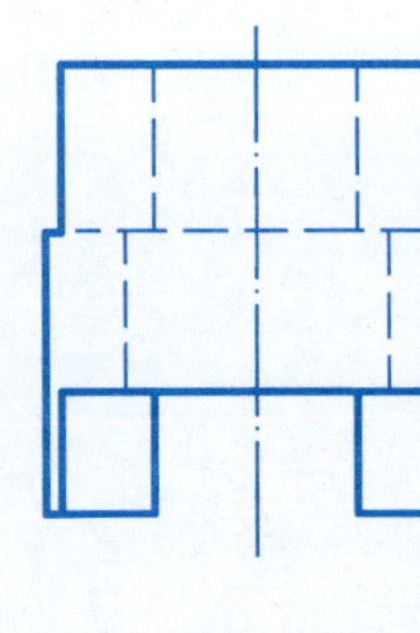

(b)

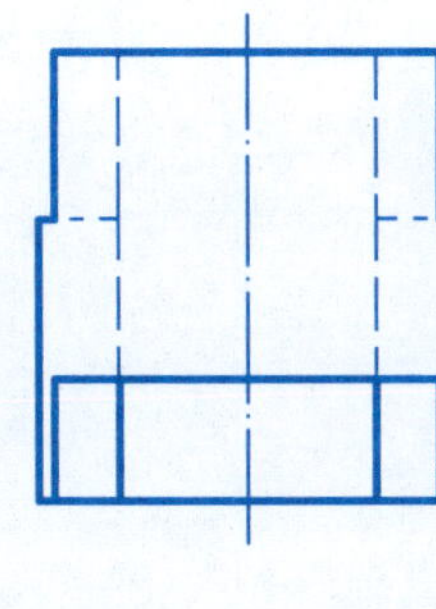

(c)

正确的左视图是 ______ 。

1. 完成下列曲面体截切的三视图(要求：保留作图线)。

(1)

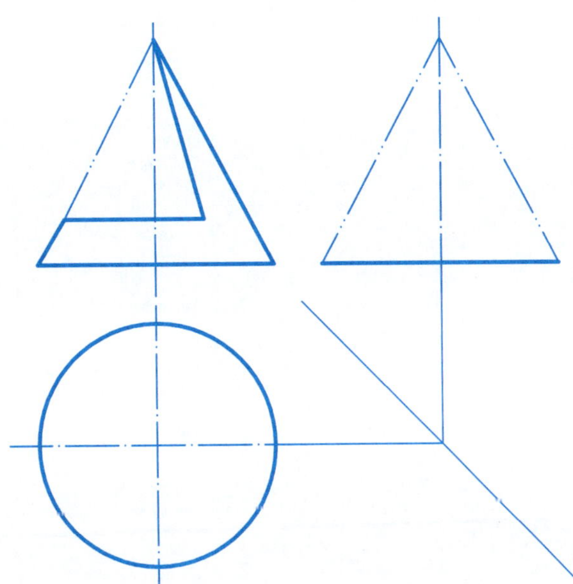

(2)

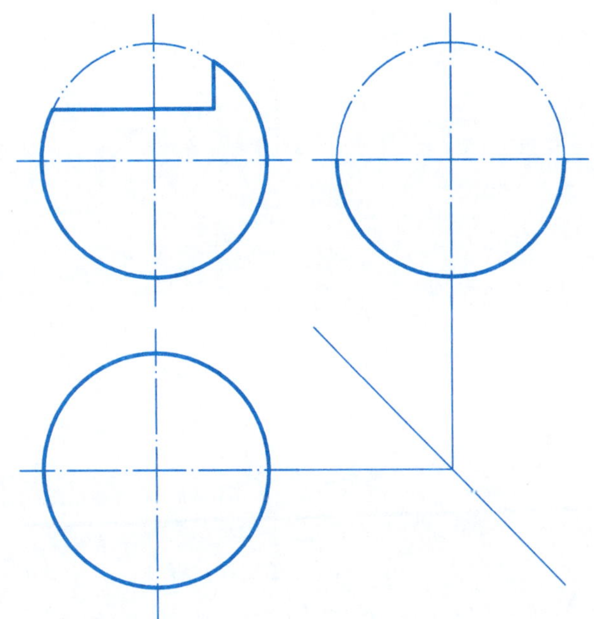

(3)

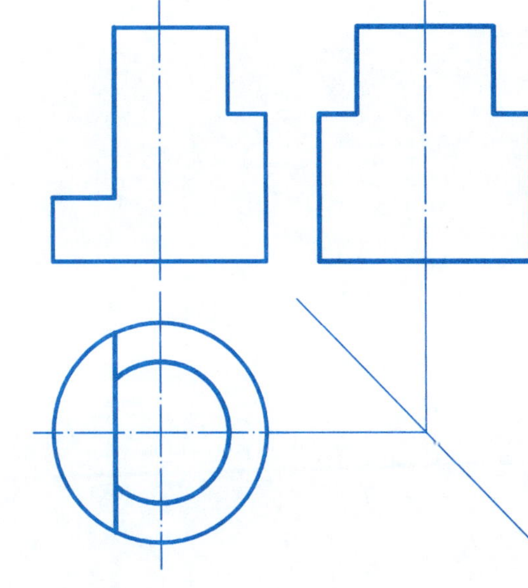

2. 判定下列圆锥截切所产生截交线的空间形状，并在空当处徒手画出轴测图。

(1)

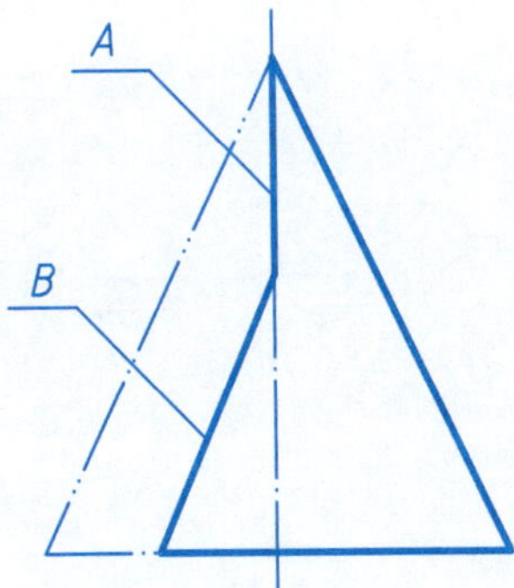

A截交线形状为 ________；

B截交线形状为 ________。

(2)

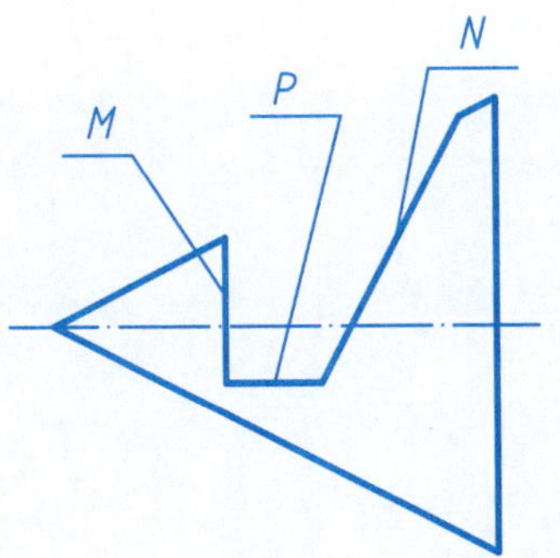

M截交线形状为 ________；

P截交线形状为 ________；

截交线形状为 ________。

3. 读图选择正确的俯视图，并在空当处徒手画出轴测图。

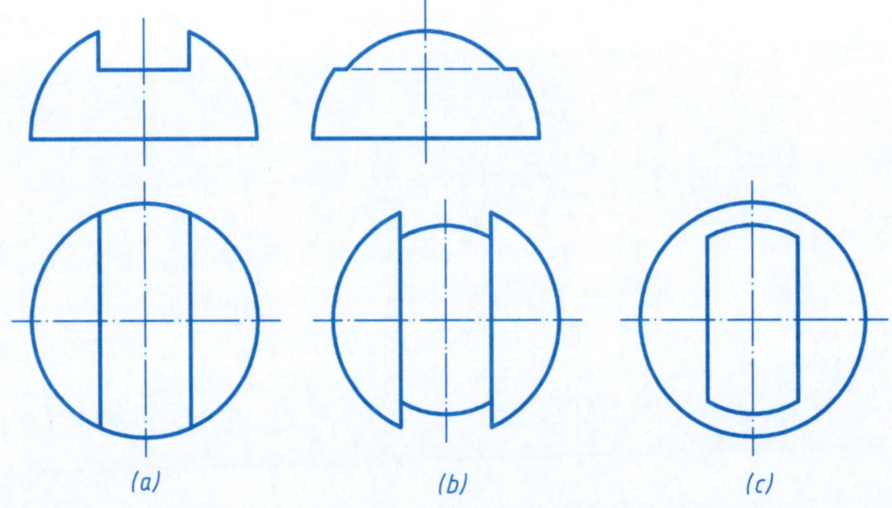

正确的俯视图是 ______。

5-4 两曲面体的相贯线(一)

1. 补全下列相贯立体主视图中所缺的图线。

(1)

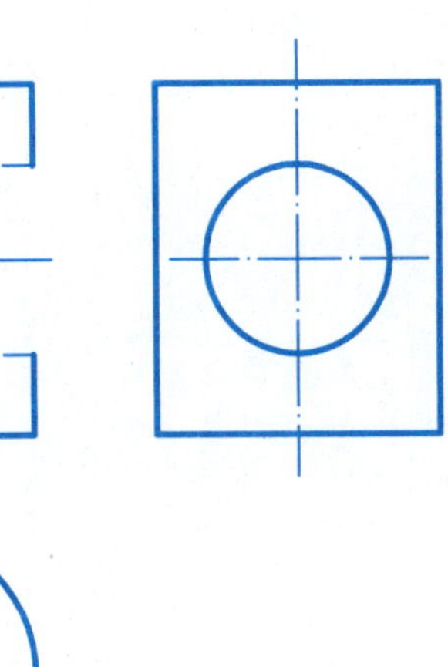

(2)

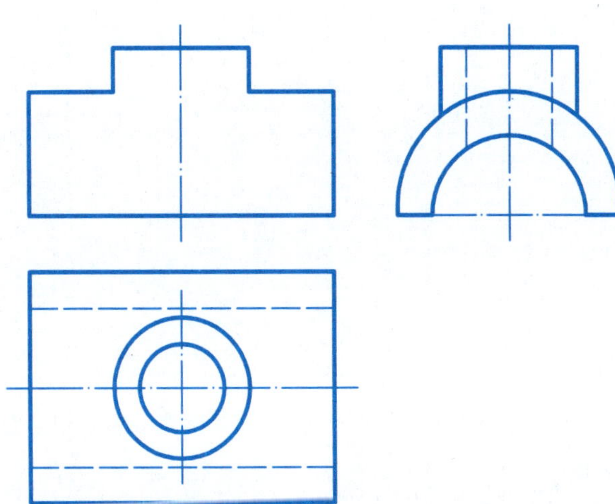

(3)

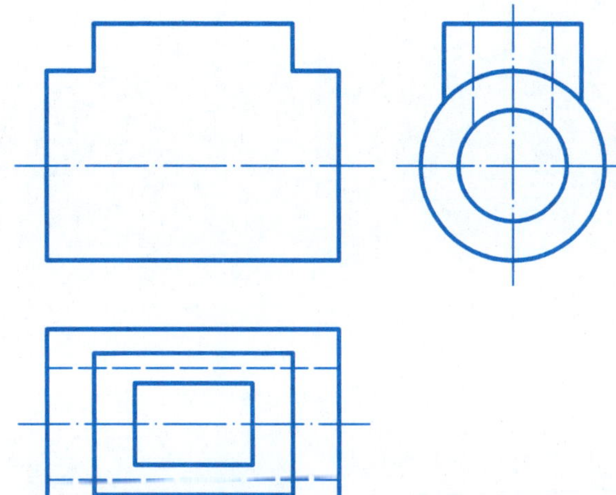

2. 读图选择正确的左视图，并在空当处徒手画出轴测图。

(1)

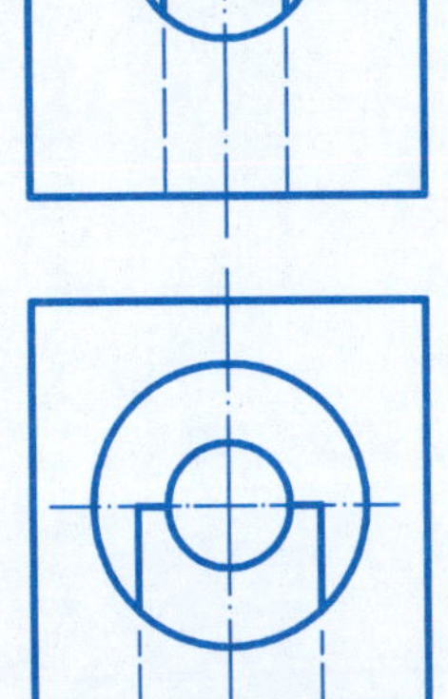

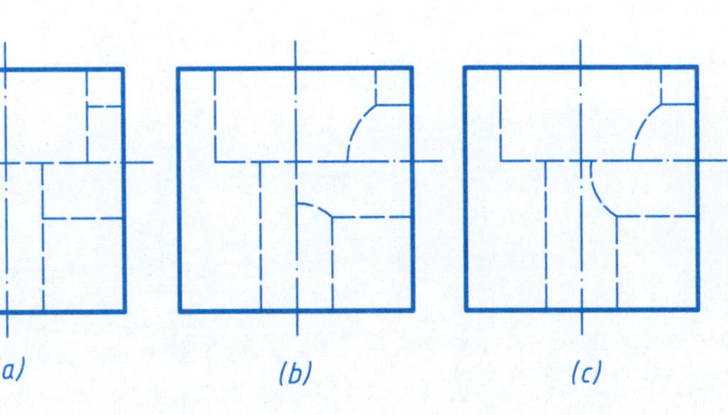

(a) (b) (c)

正确的左视图是 ______ 。

(2)

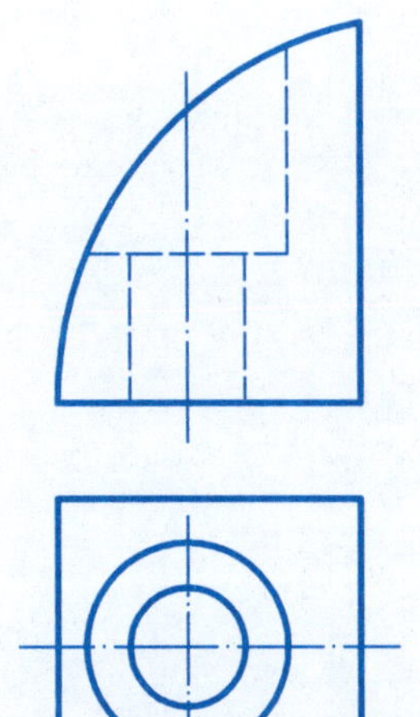

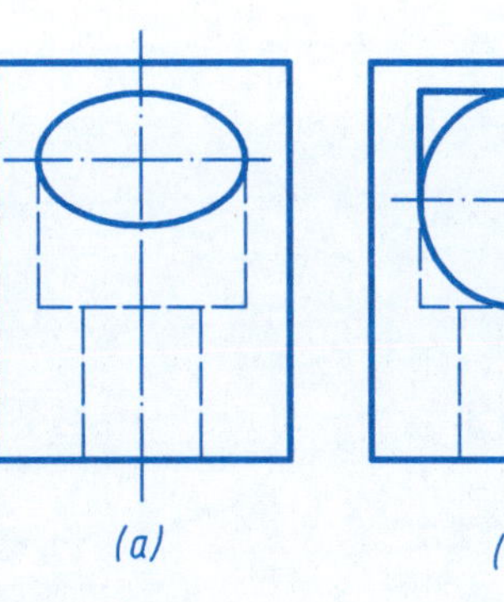

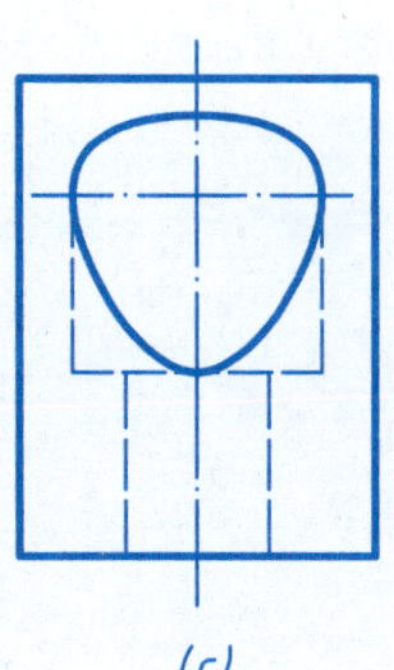

(a) (b) (c)

正确的左视图是 ______ 。

1. 求作下列物体的相贯线，并在空当处徒手画出轴测图。

(1)

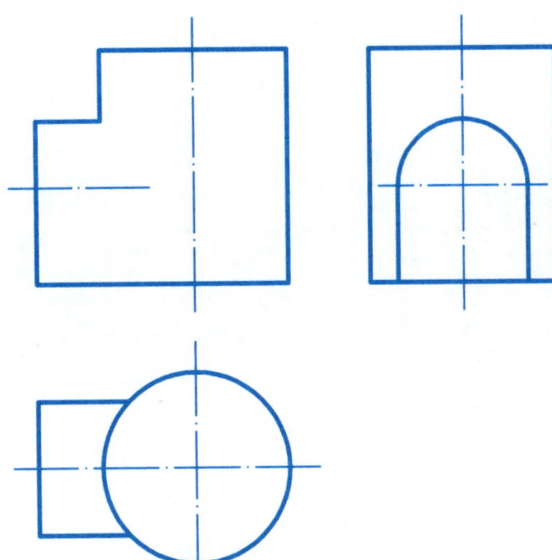

(2)

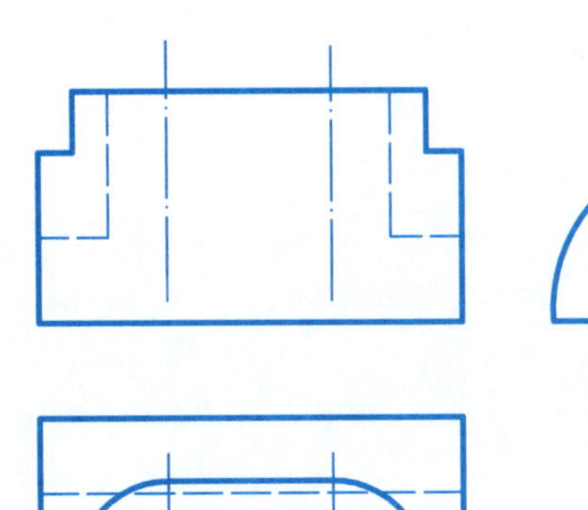

(3)

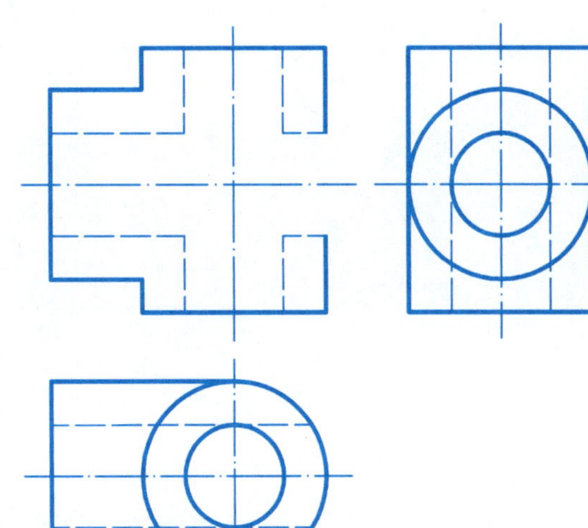

2. 已知物体的主、俯视图，读图回答问题。

(1)

(2)

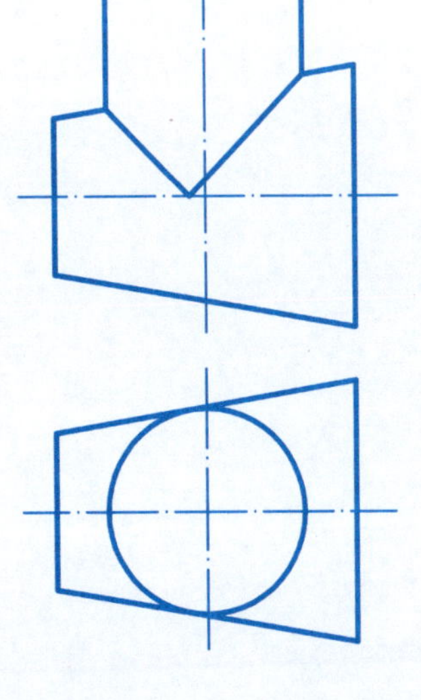

物体是______体、______体和______体相贯。 物体是______体和______体相贯。

3. 读图选择正确的左视图并回答问题。

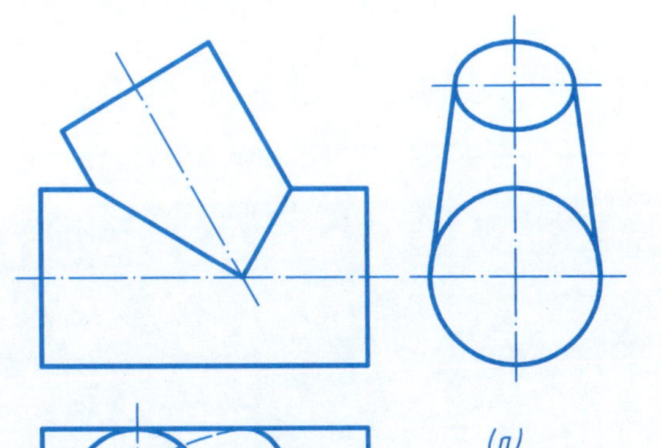

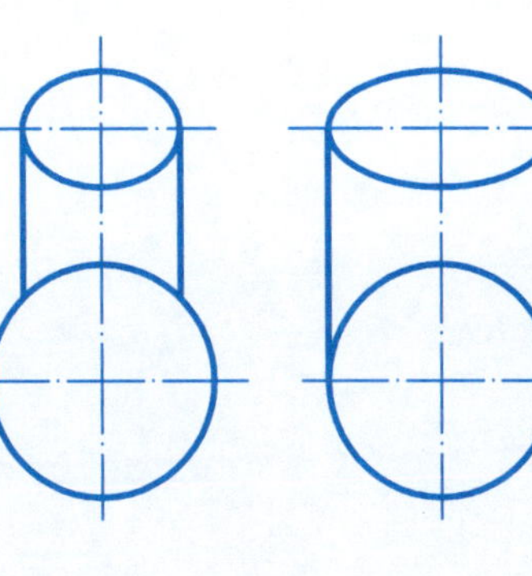

(a) (b) (c)

正确的左视图是______。

物体是______体和______体斜交，两者直径______。

6-1 根据轴测图在指定位置画出物体的三视图(尺寸从图中1:1量取)

班级		姓名		学号		页次	24

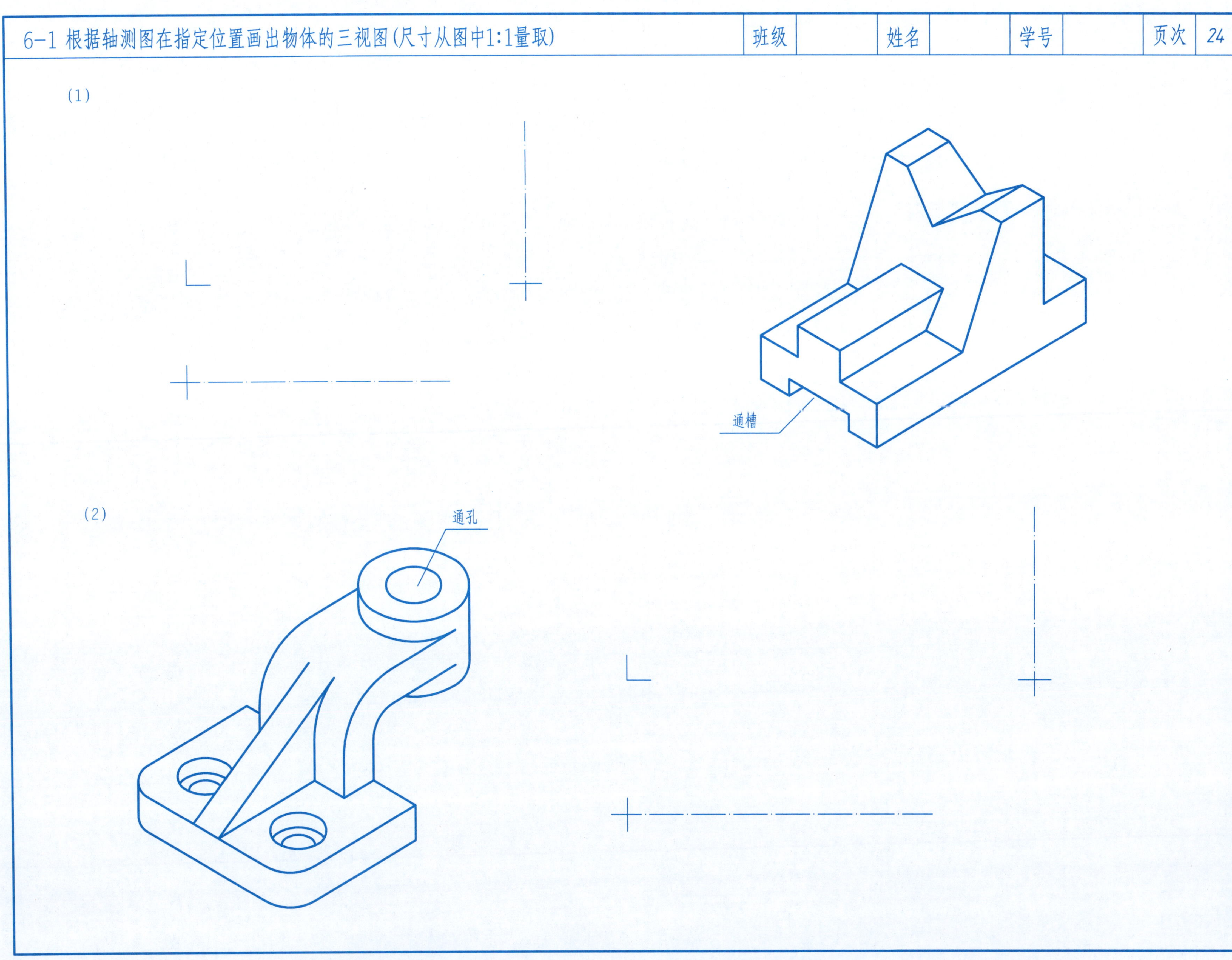

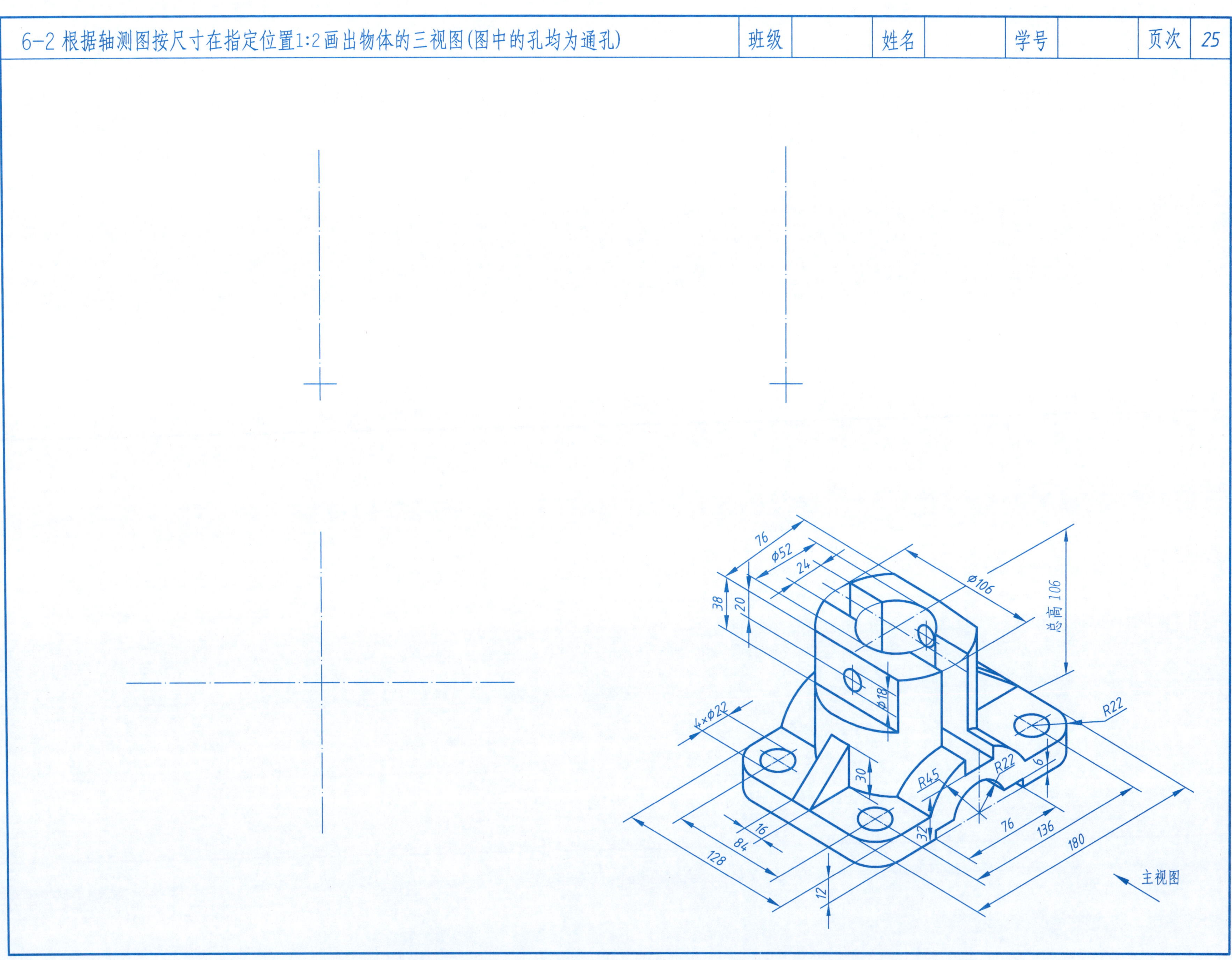
6-2 根据轴测图按尺寸在指定位置1:2画出物体的三视图(图中的孔均为通孔)
班级
姓名
学号
页次
25
76
ϕ52
24
ϕ106
总高 106
38
20
ϕ18
4×ϕ22
R22
30
R45
R22
6
16
84
128
32
12
76
136
180
主视图

1.补画下列组合体各部分连接处的缺线。

(1)

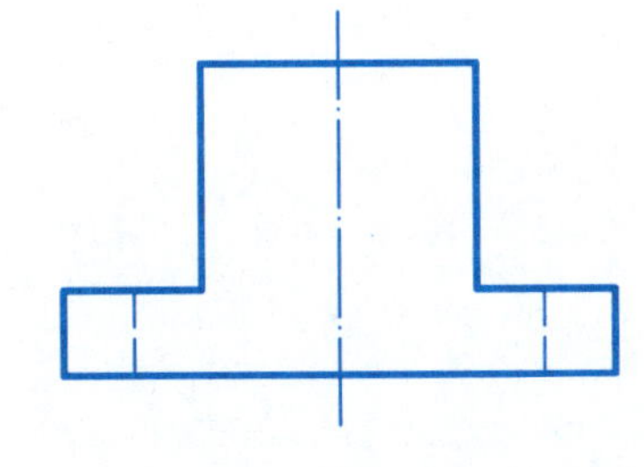

(2)

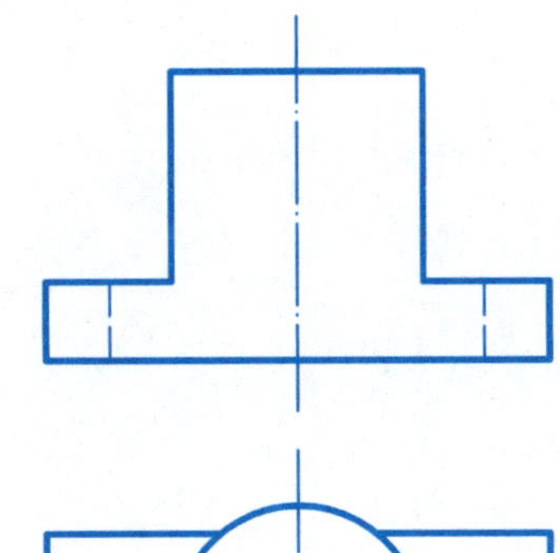

(3)

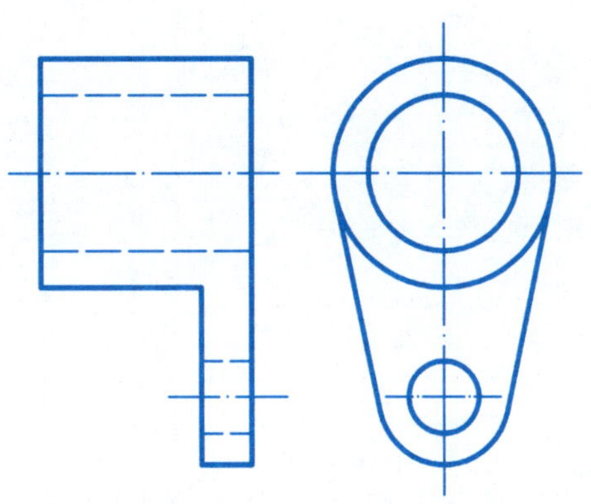

(4)

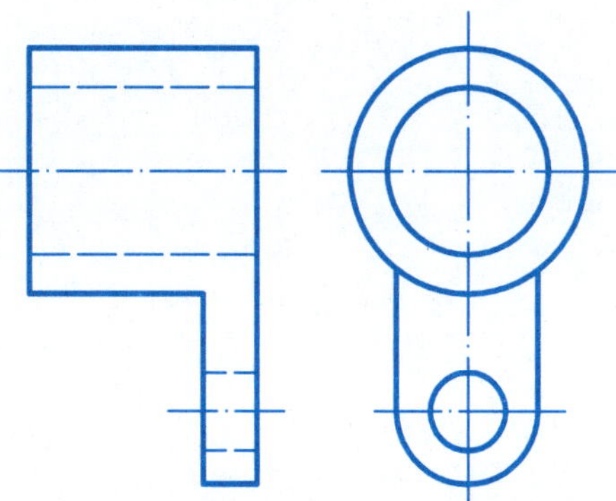

2.根据一面视图构形立体，完成三视图并在空当处徒手画出轴测图。

(1)

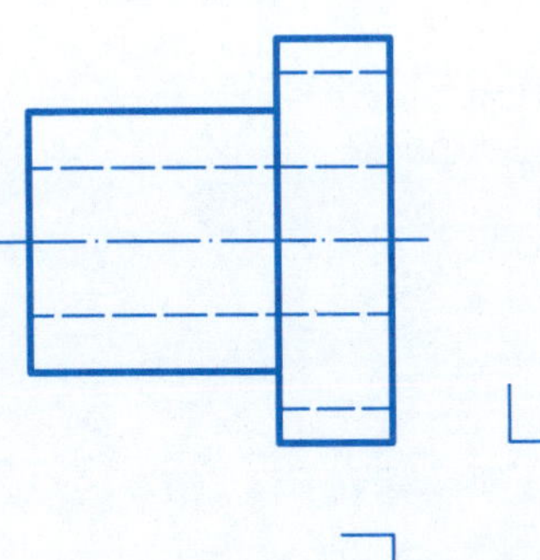

(2)

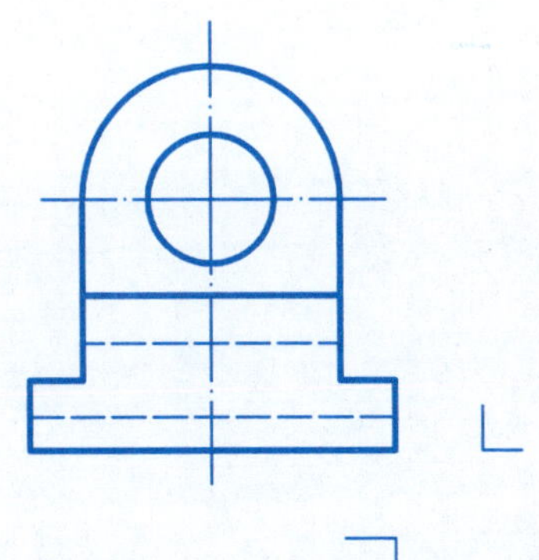

(3)

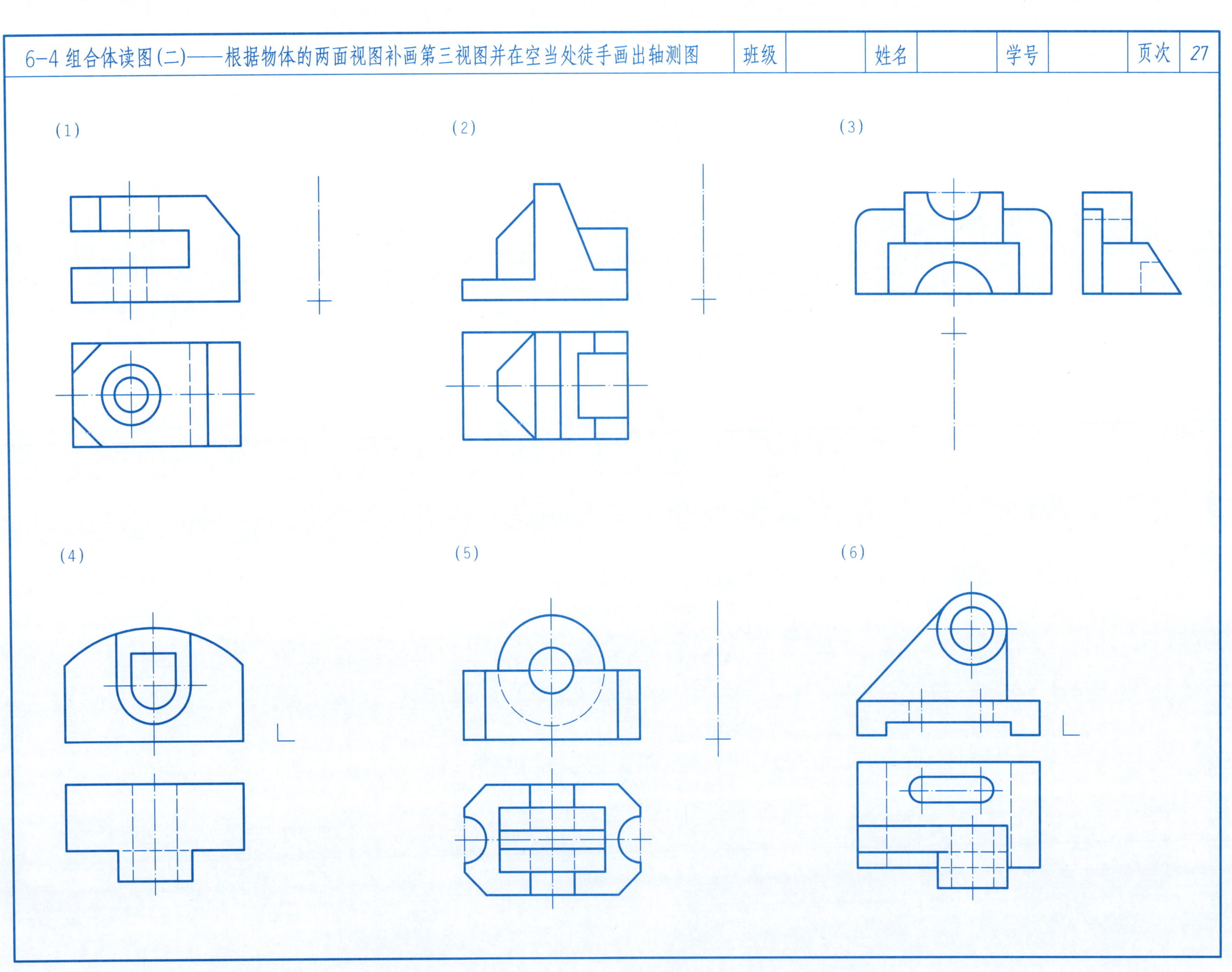
(1)
(2)
(3)
(4)
(5)
(6)

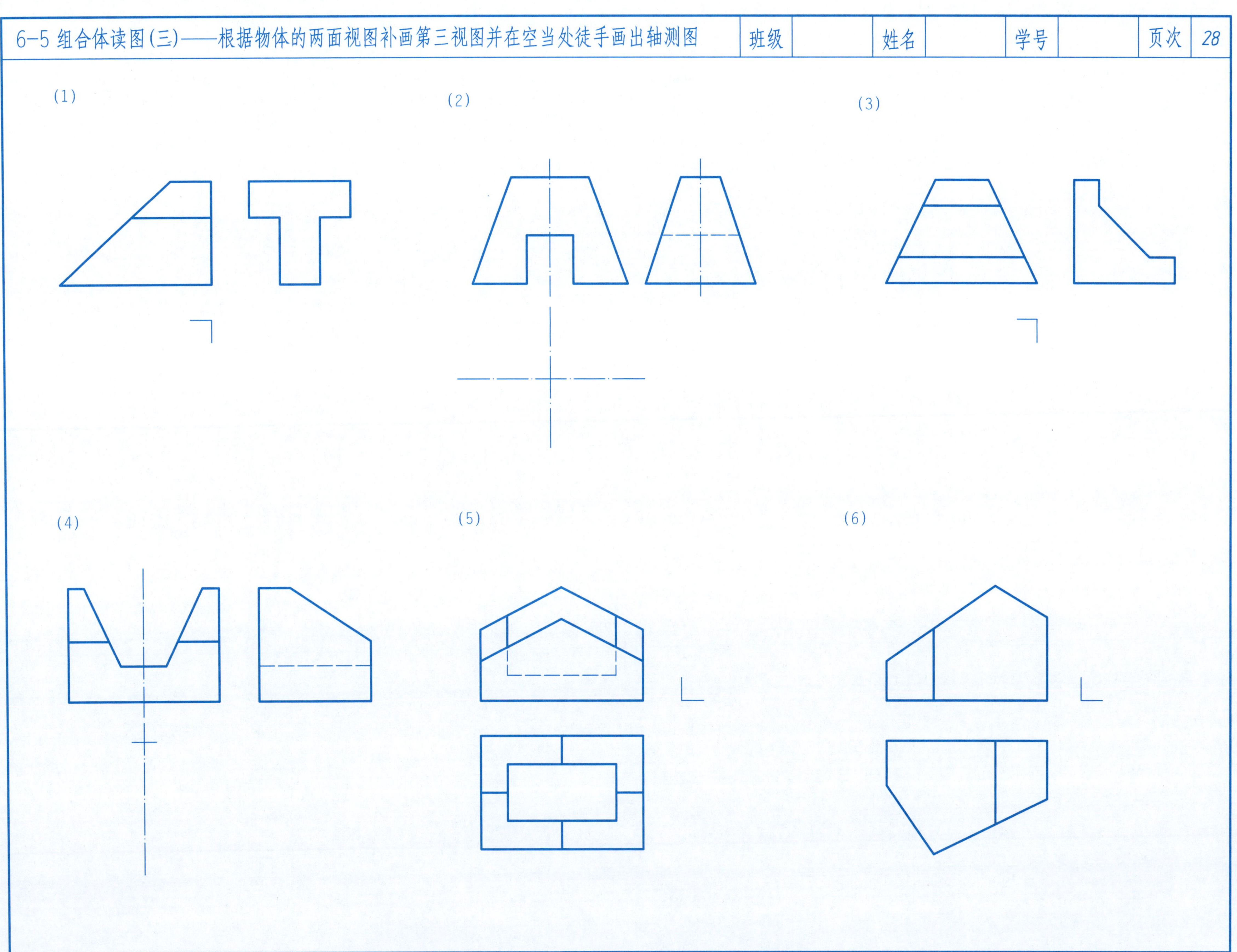
6-5 组合体读图(三)——根据物体的两面视图补画第三视图并在空当处徒手画出轴测图
班级
姓名
学号
页次
28
(1)
(2)
(3)
(4)
(5)
(6)

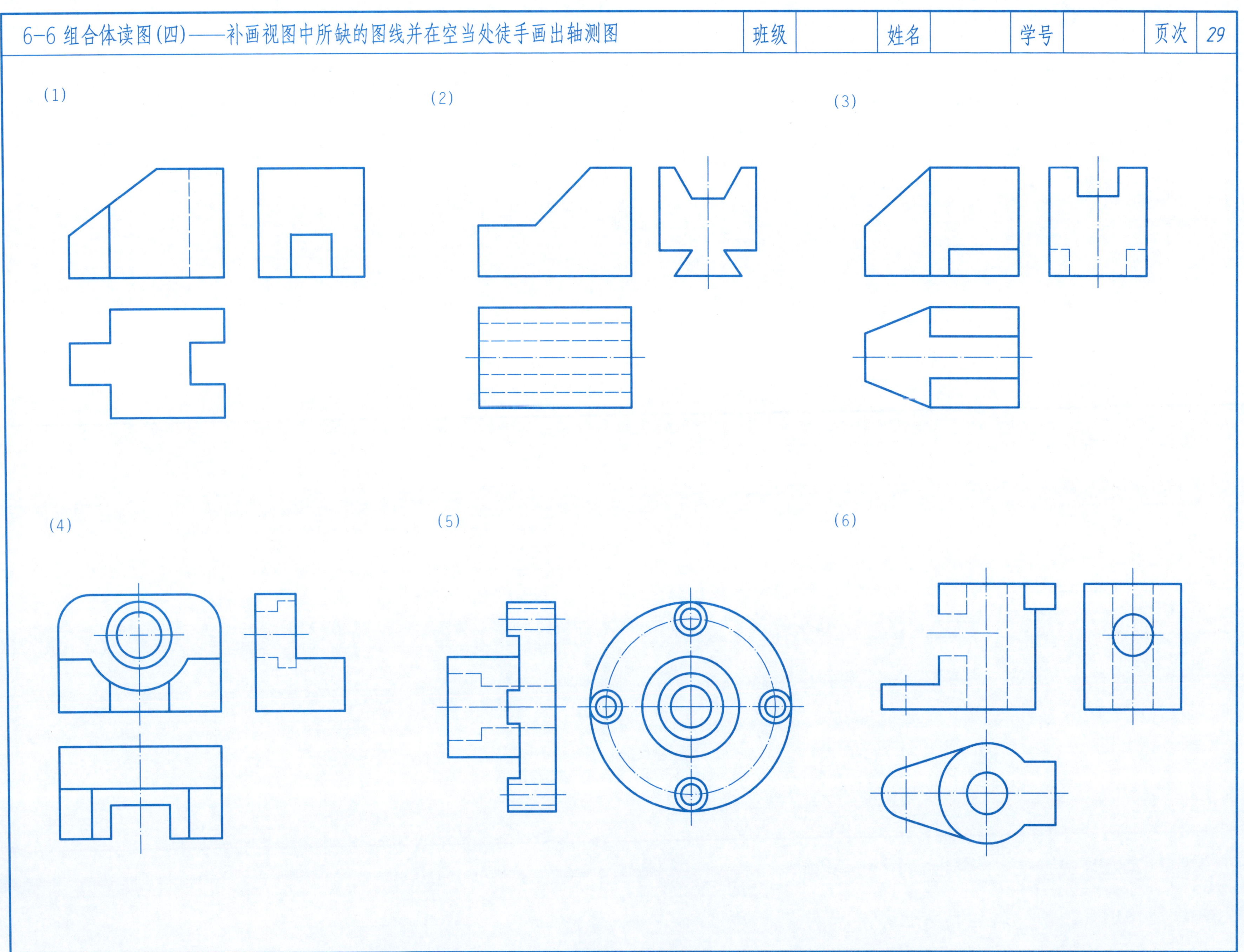
6-6 组合体读图(四)——补画视图中所缺的图线并在空当处徒手画出轴测图
班级
姓名
学号
页次
29
(1)
(2)
(3)
(4)
(5)
(6)

6-7 组合体读图(五)	班级		姓名		学号		页次	30

1.根据物体的两面视图补画第三视图。

(1)

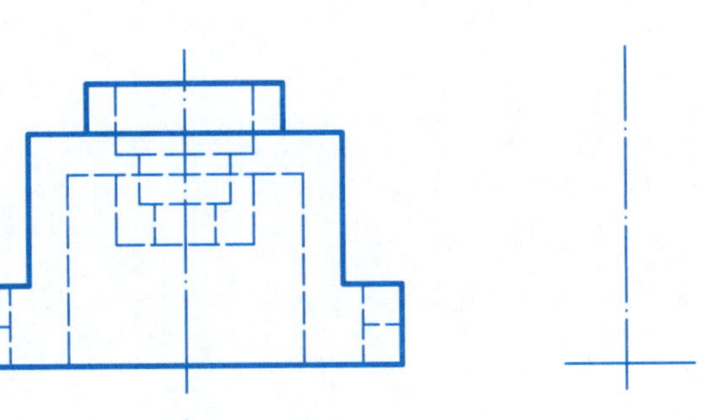

(2)

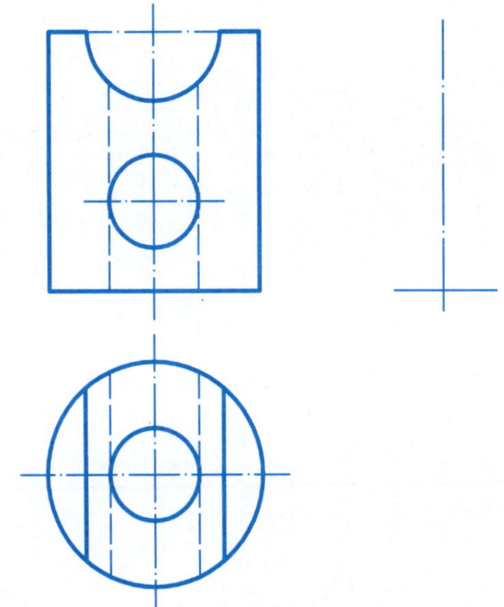

(3)

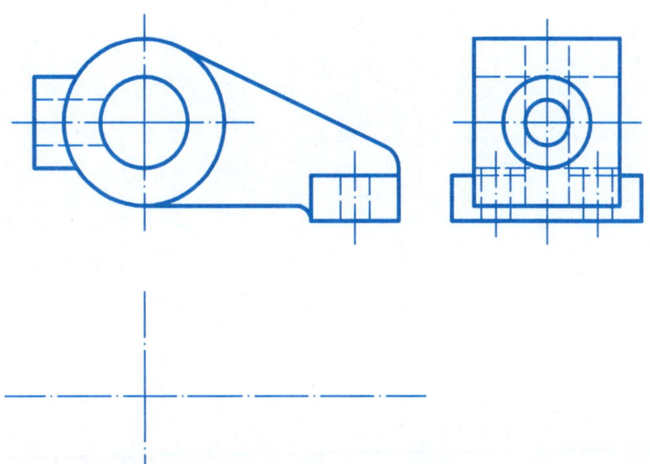

(4)

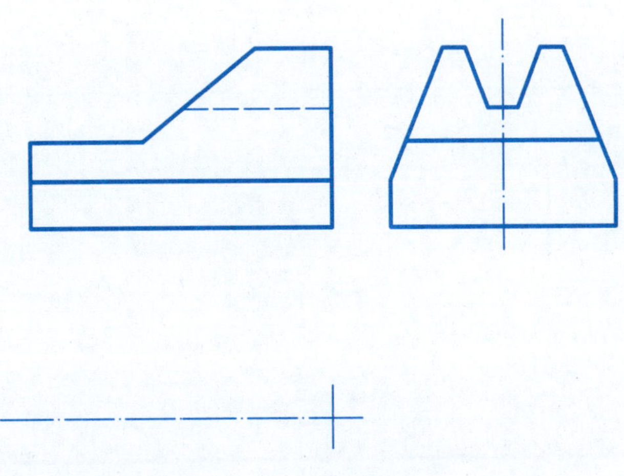

2.读图选择正确的左视图。

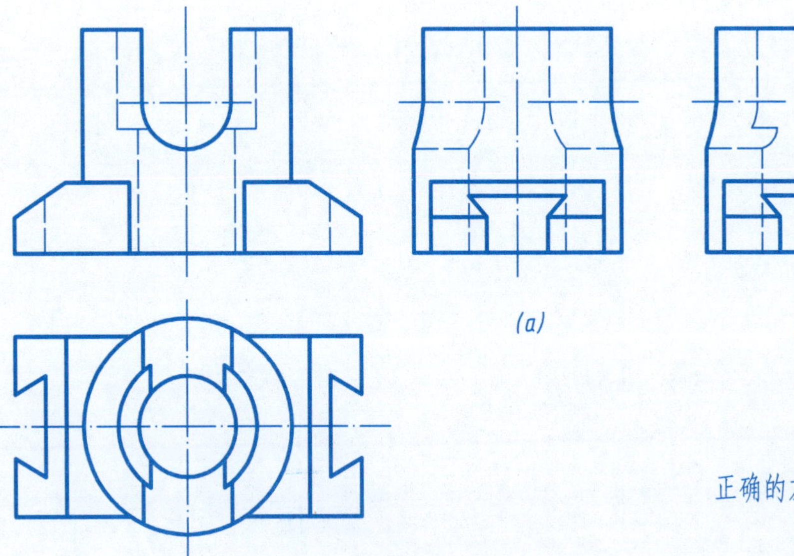

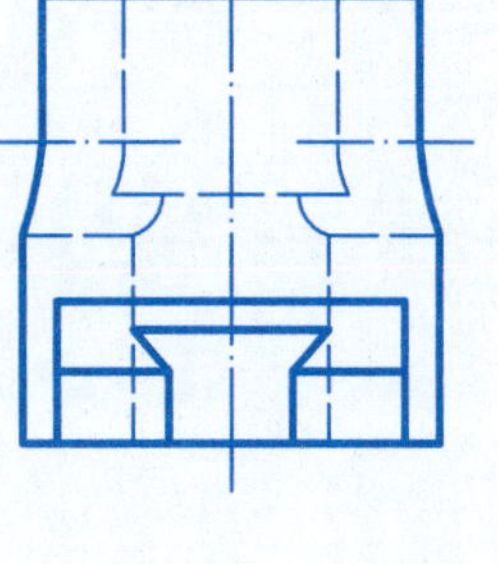

(a) (b) (c)

正确的左视图是 ______ 。

6-8 按要求标注下列组合体的尺寸	班级		姓名		学号		页次	31

1.比例1:1。

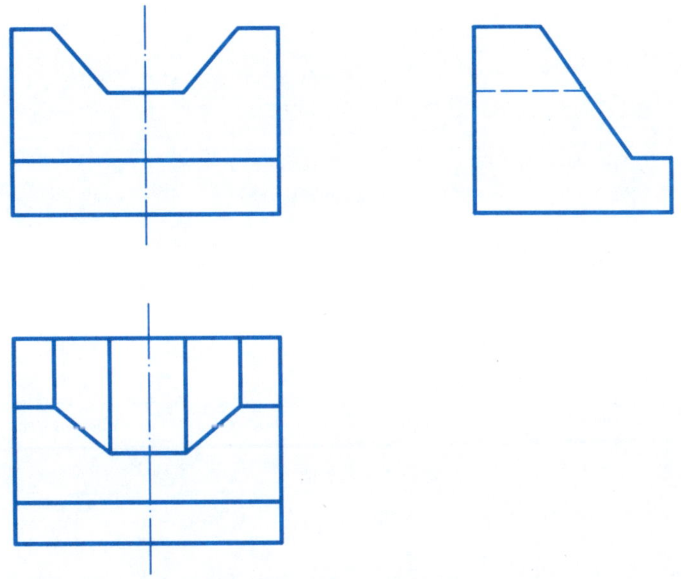

2.比例1:2。

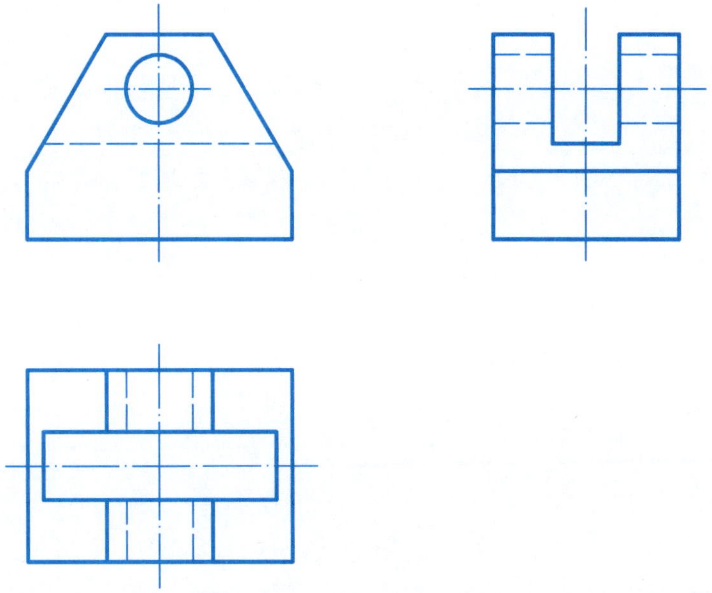

3.比例1:5。

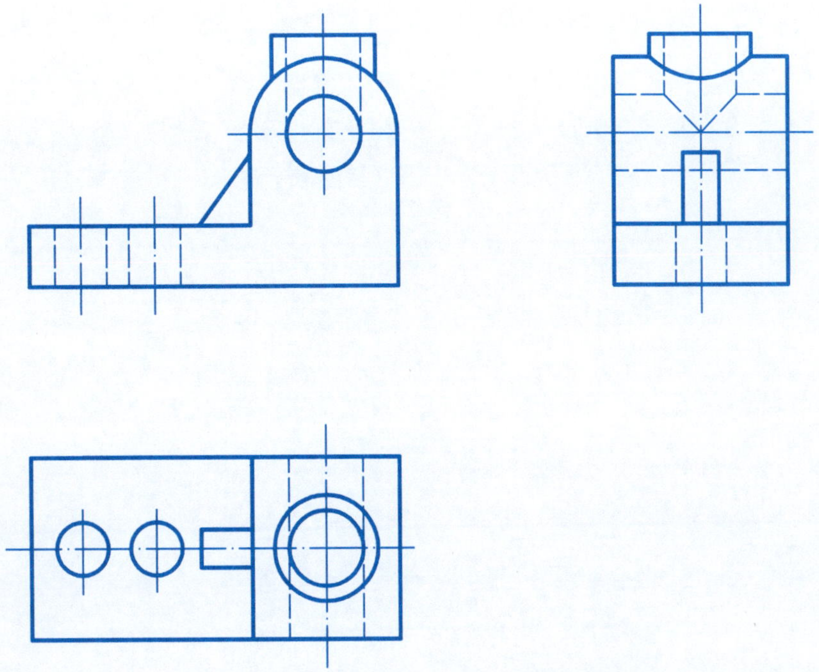

4.比例1:10。

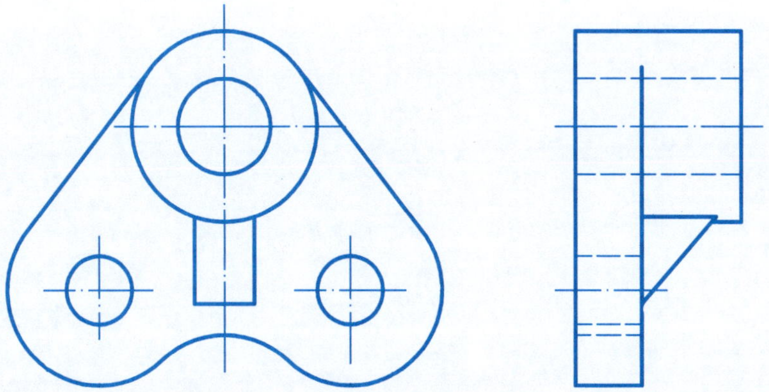

1. 分析已知视图，在指定位置补画出右视图、仰视图和后视图。

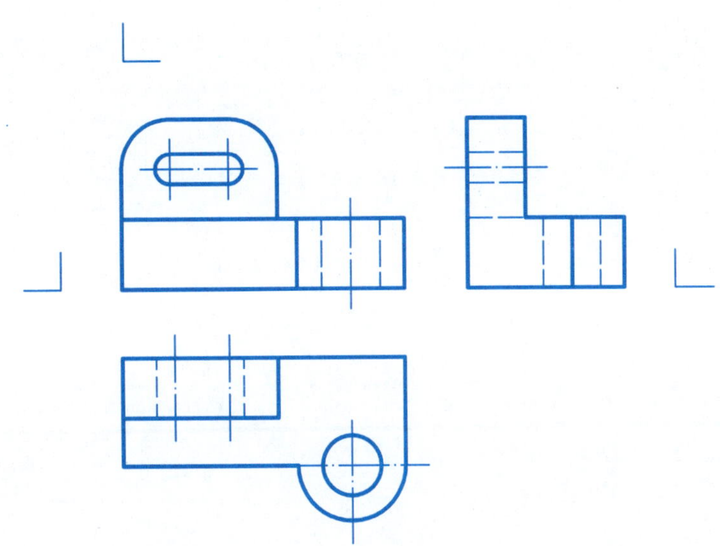

2. 分析已知视图，在指定位置画出A向视图。

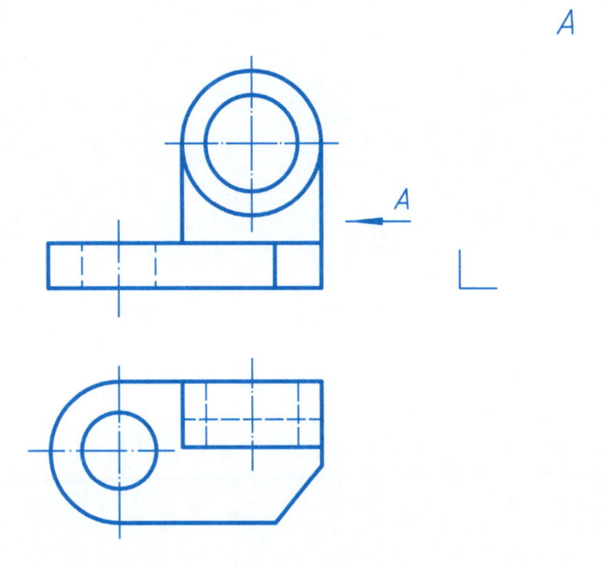

3. 分析已知视图，在指定位置画出A局部视图和B斜视图。

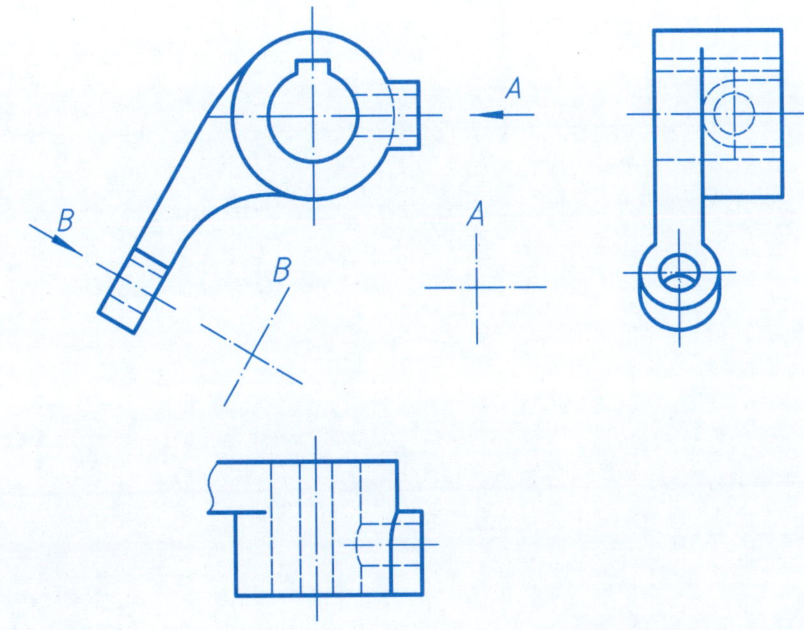

4. 读图选择正确的局部视图。

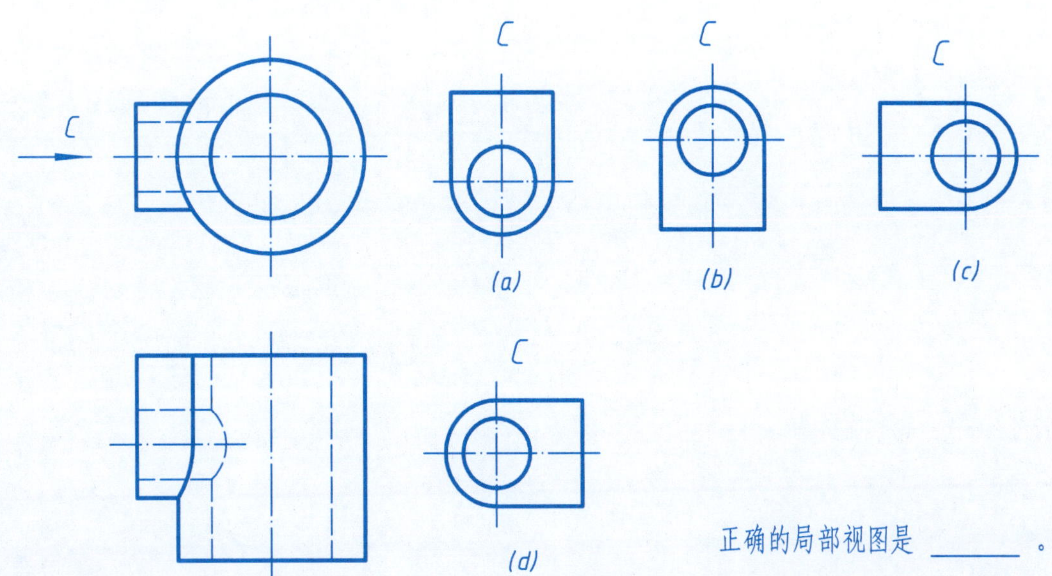

正确的局部视图是＿＿＿。

7-2 单一全剖视图	班级		姓名		学号		页次	33

1.补画剖视图中的漏线。

(1)　　(2)

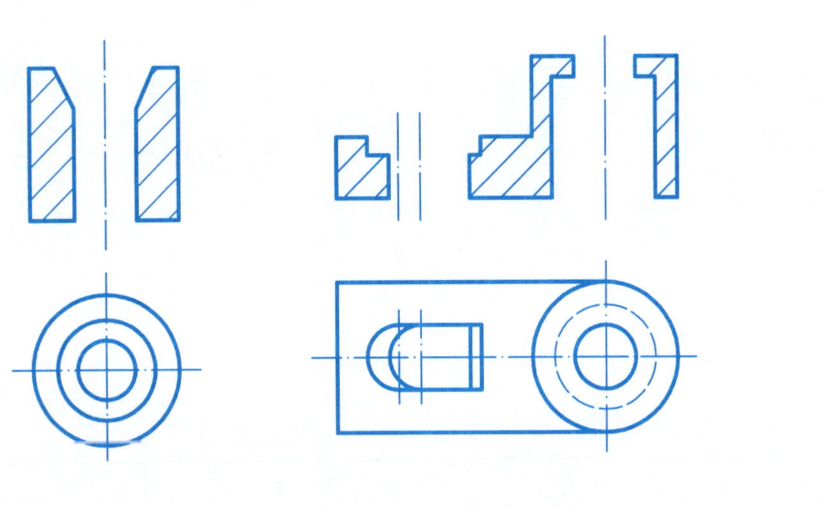

2.将主视图改画为单一全剖视图。

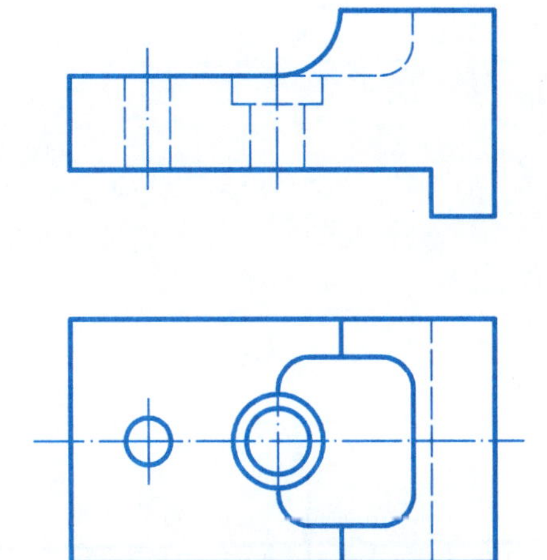

3.在指定位置画出单一全剖的主视图。

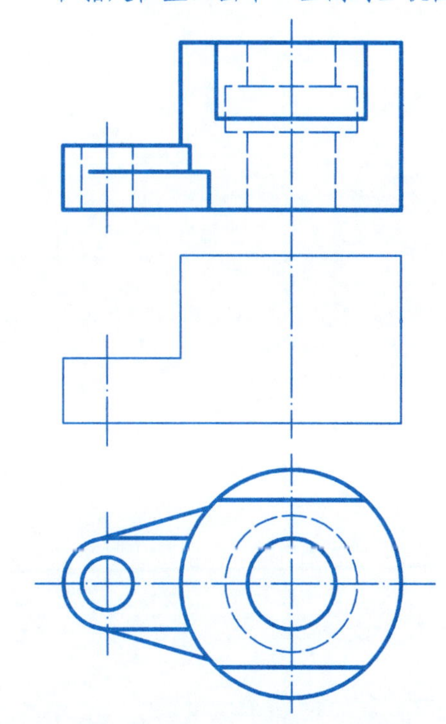

4.完成单一全剖的主视图（机件上的孔均为通孔）。

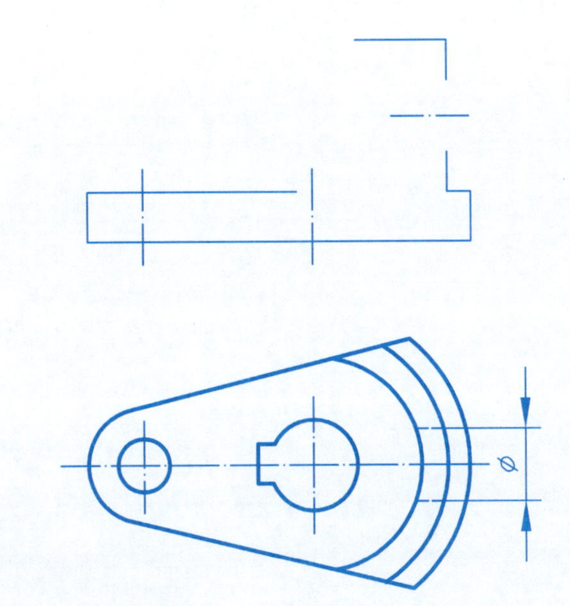

5.分析已知视图，补画单一全剖的左视图。

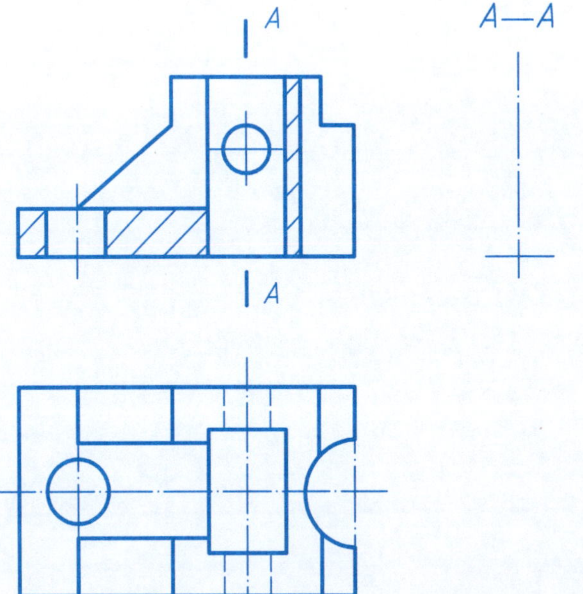

6.分析已知视图，补画单一全剖的左视图。

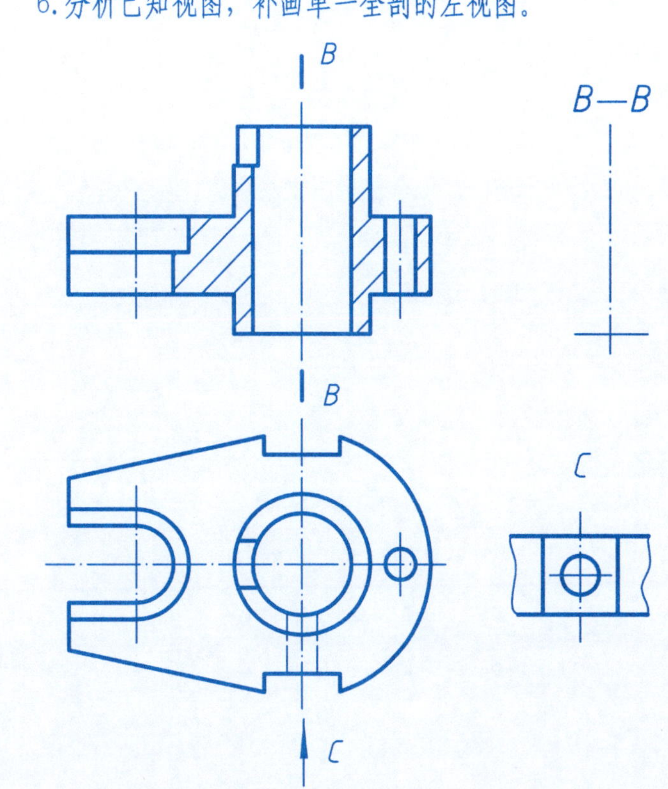

1. 在指定位置将主视图画成B—B半剖视图。

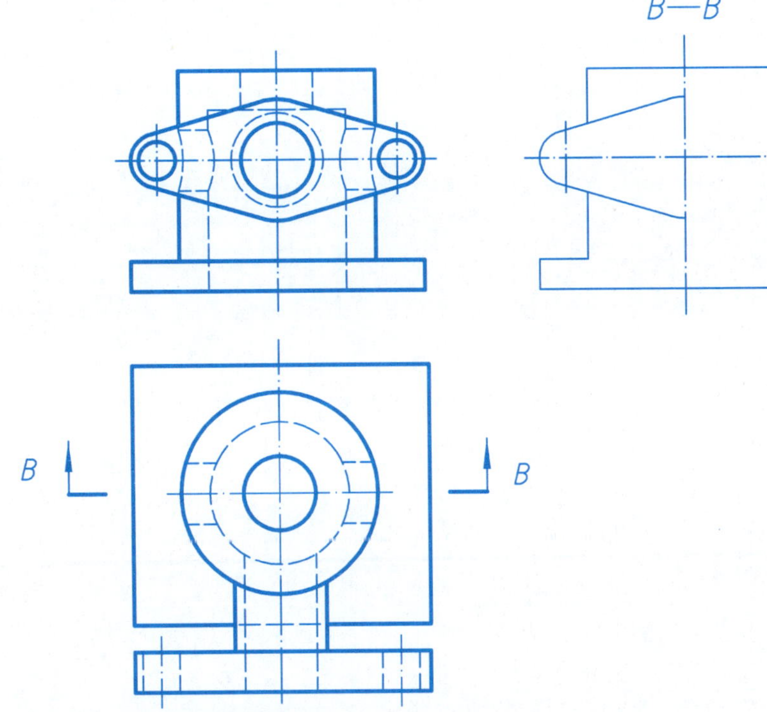

2. 读图选择正确的半剖视图。

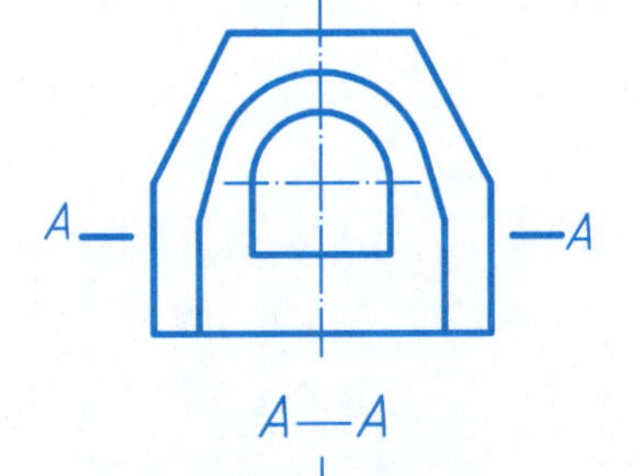

正确的半剖视图是 ________。

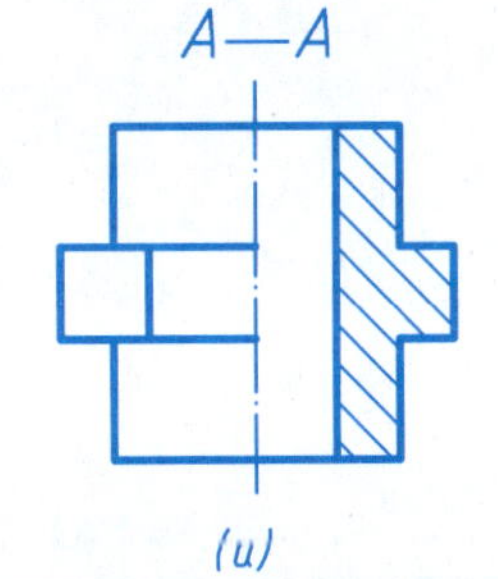

(a)

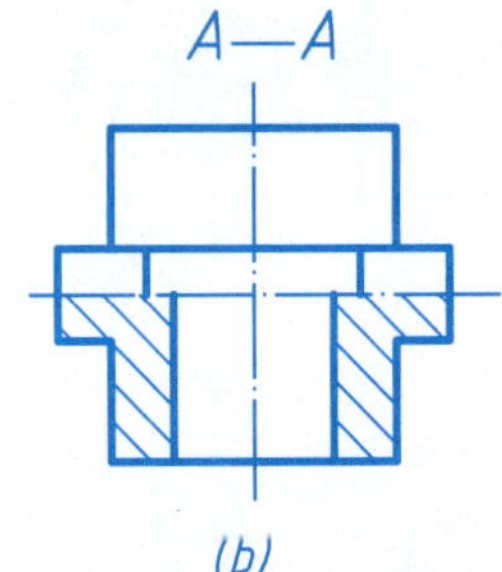

(b)

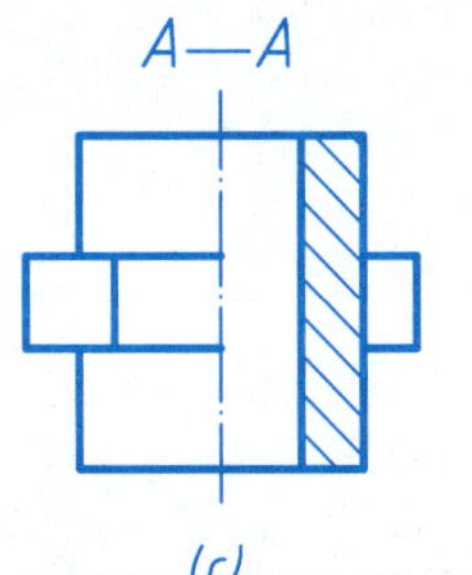

(c)

3. 将主视图改画成半剖视图（不要的图线打“×”），并在指定位置画出半剖的左视图。

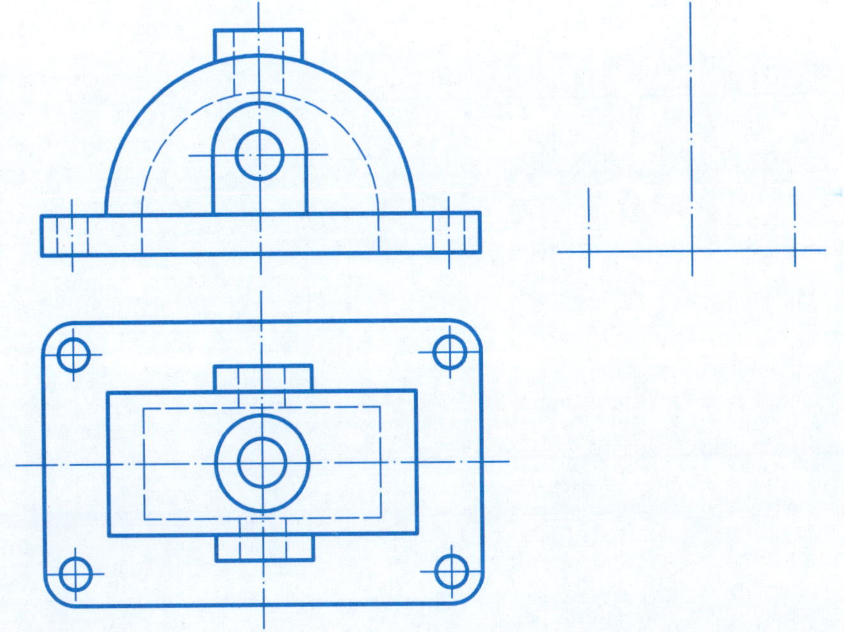

4. 读图选择正确的局部剖视图。

(1)

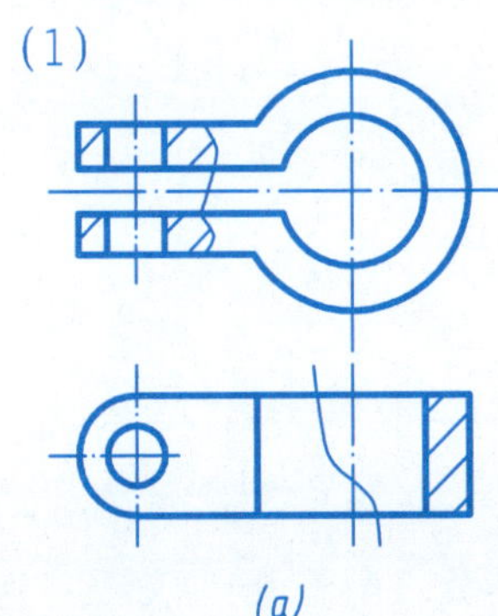
(a)

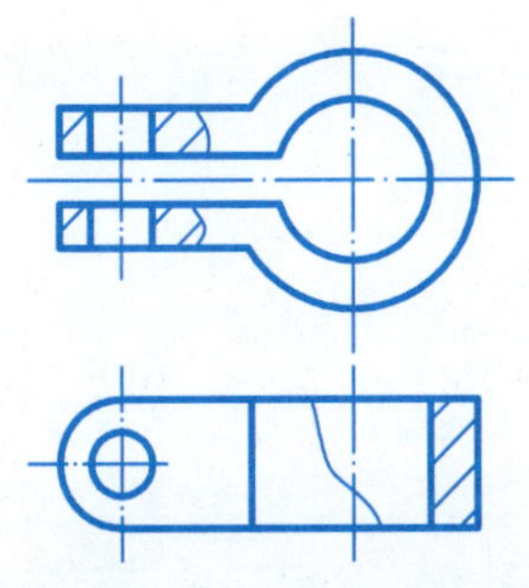
(b)

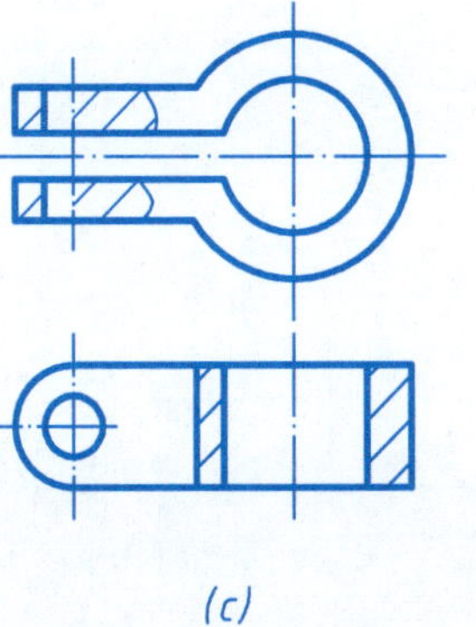
(c)

正确的局部剖视图是 ________。

(2)

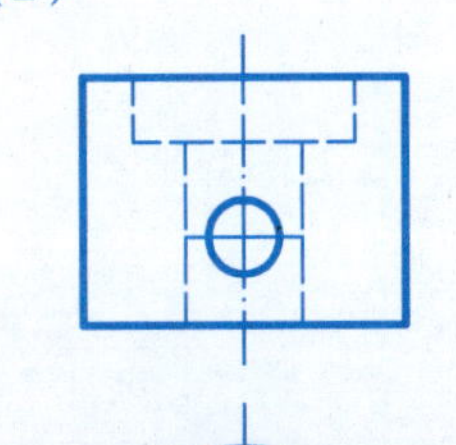

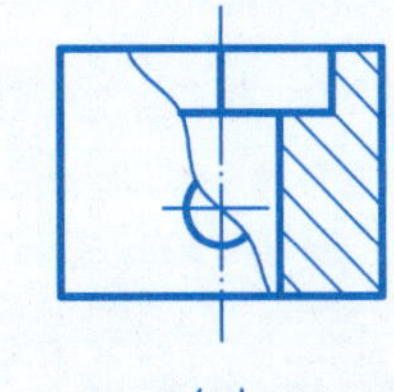
(a)

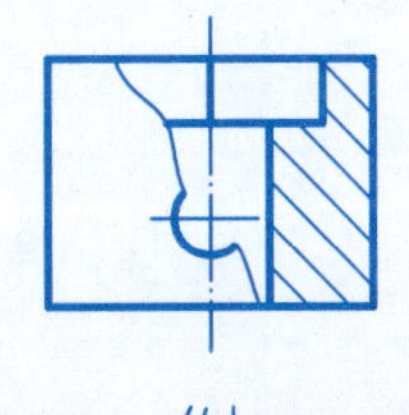
(b)

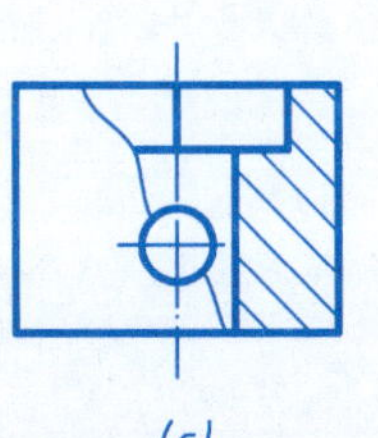
(c)

正确的局部剖视图是 ________。

1.根据给定的剖视图，选择具有正确剖切位置的俯视图。

A—A

具有正确剖切位置的俯视图是________。

(a) (b) (c)

2.在指定位置画出阶梯全剖的主视图。

B—B

3.在指定位置画出旋转全剖的主视图。

C—C

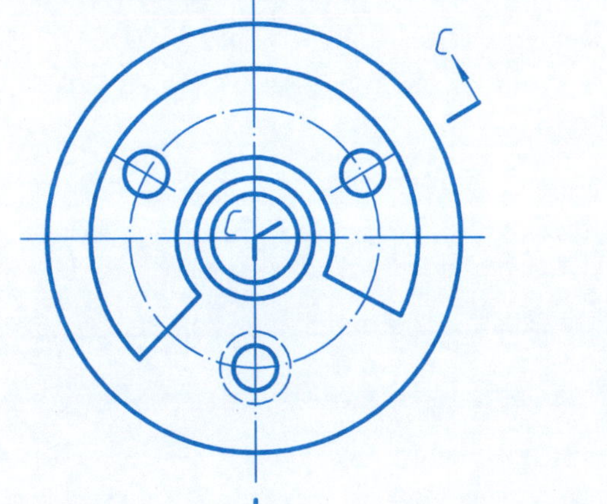

4.读图选择正确的旋转全剖视图。

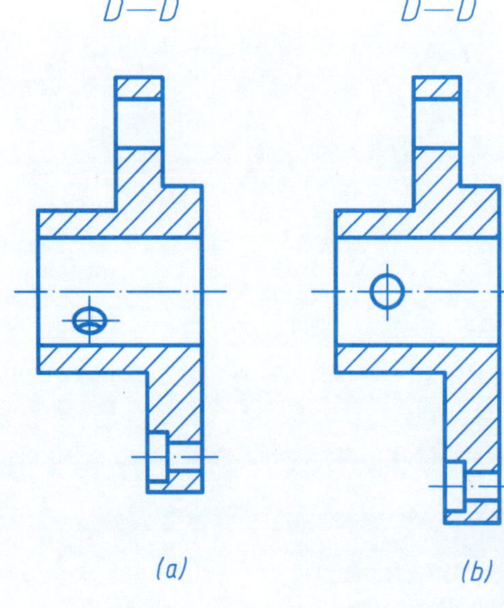

(a)

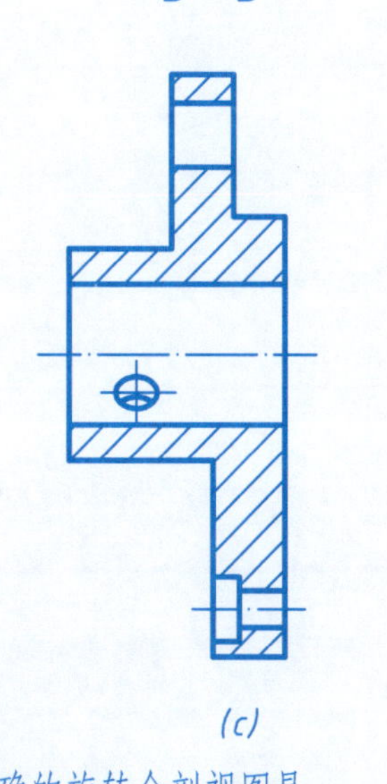

(b)

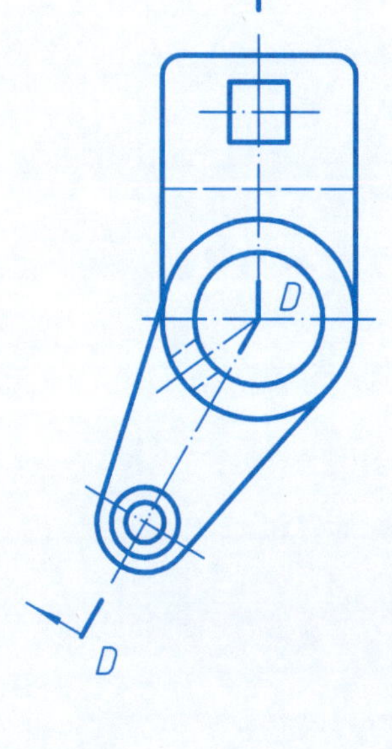

(c)

正确的旋转全剖视图是________。

1.读图选择正确的断面图，将正确的断面图画在指定的位置，并完成标注。

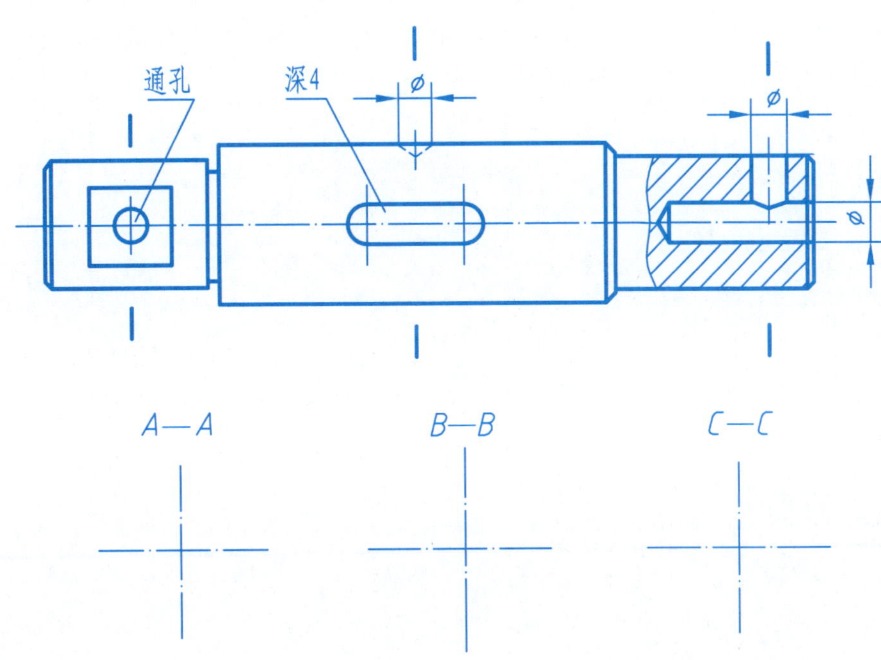

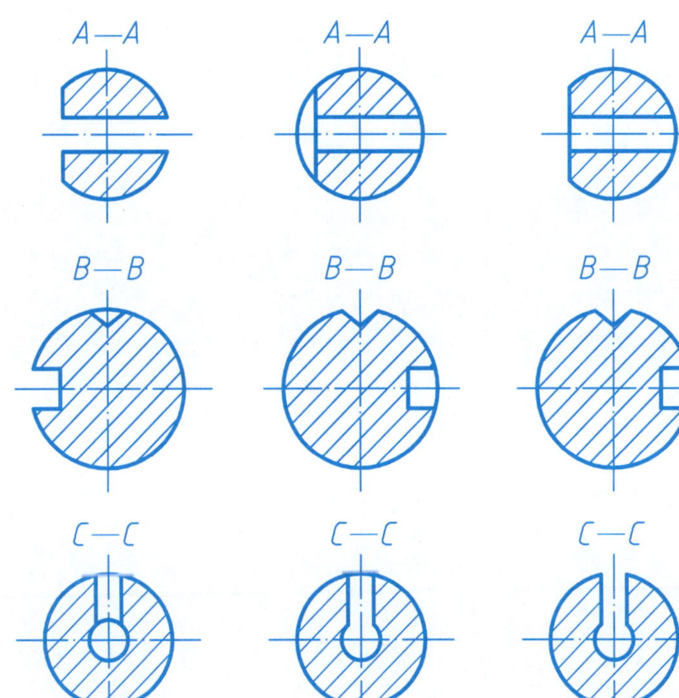

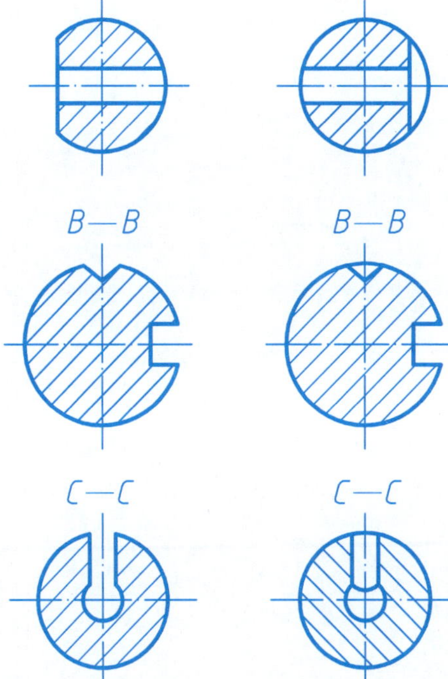

2.在剖切位置的延长线上补画移出断面图。

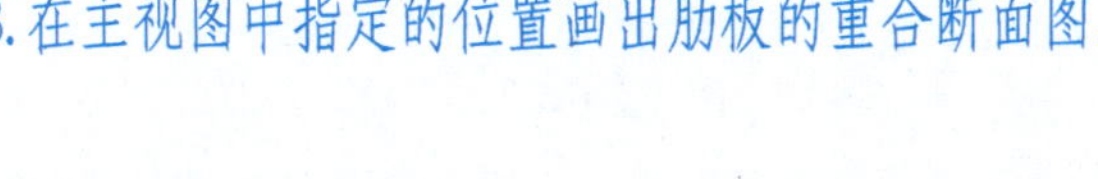
3.在主视图中指定的位置画出肋板的重合断面图。

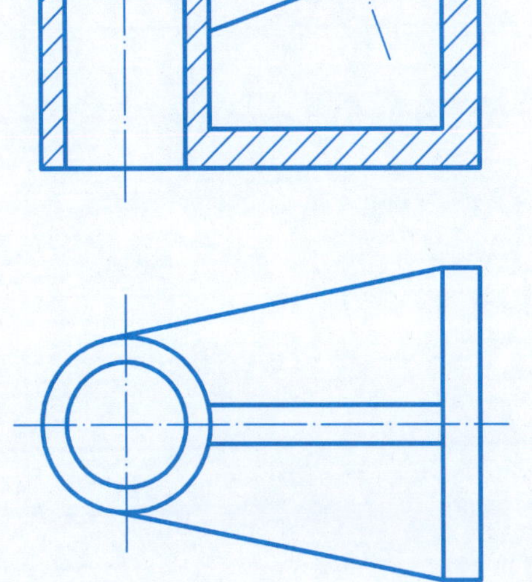

4.在主视图中指定的位置画出十字肋的重合断面图。

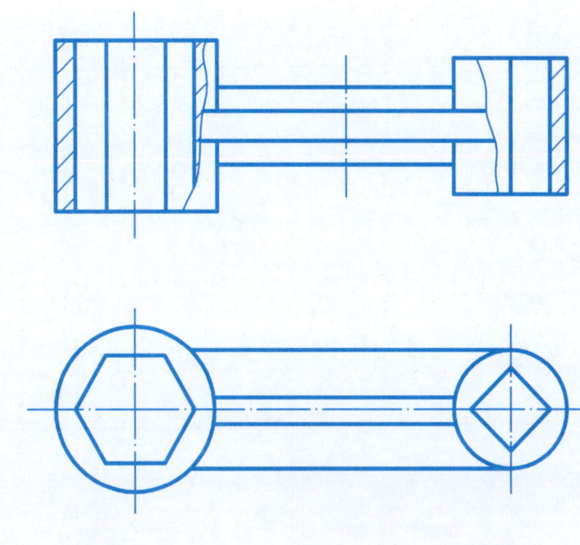

1.在指定位置用2:1的比例画出图中 *I* 、*II* 两处的局部放大图(原图比例1:2)。

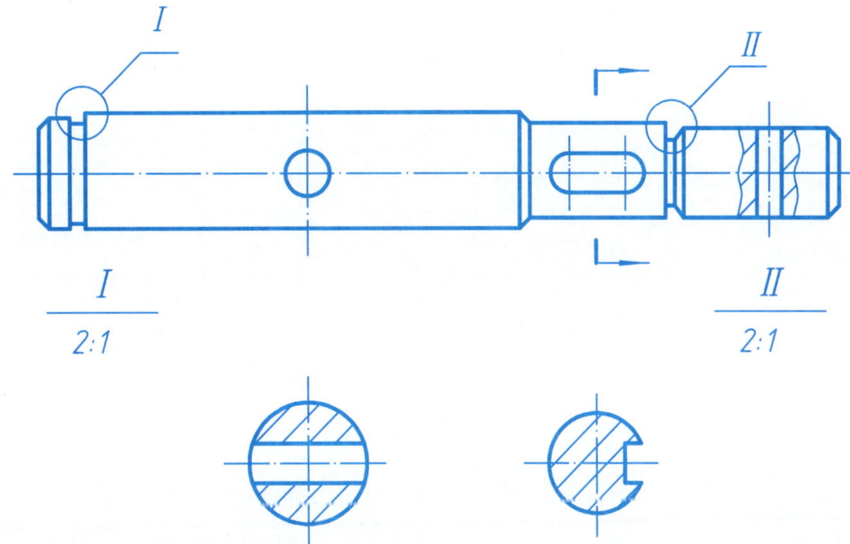

2. 判断下列剖视图的正误，将“正确”或“错误”写在横线上。

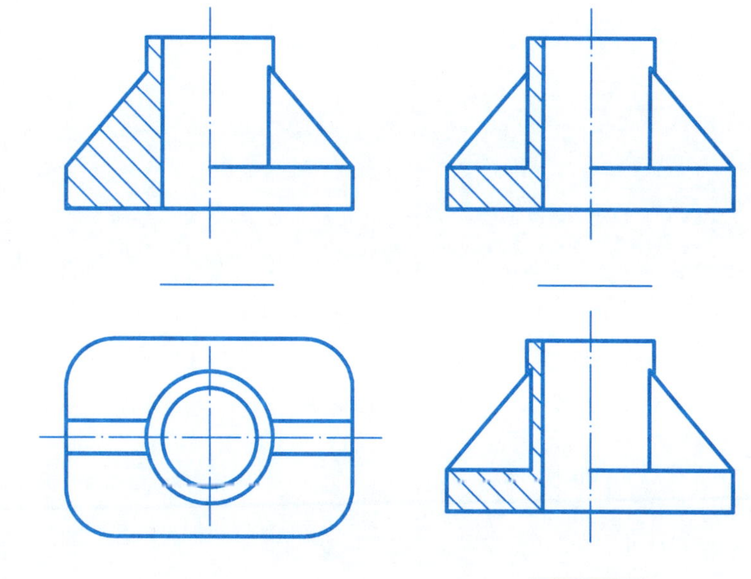

3.按简化画法在指定位置将主视图画成单一全剖视图。

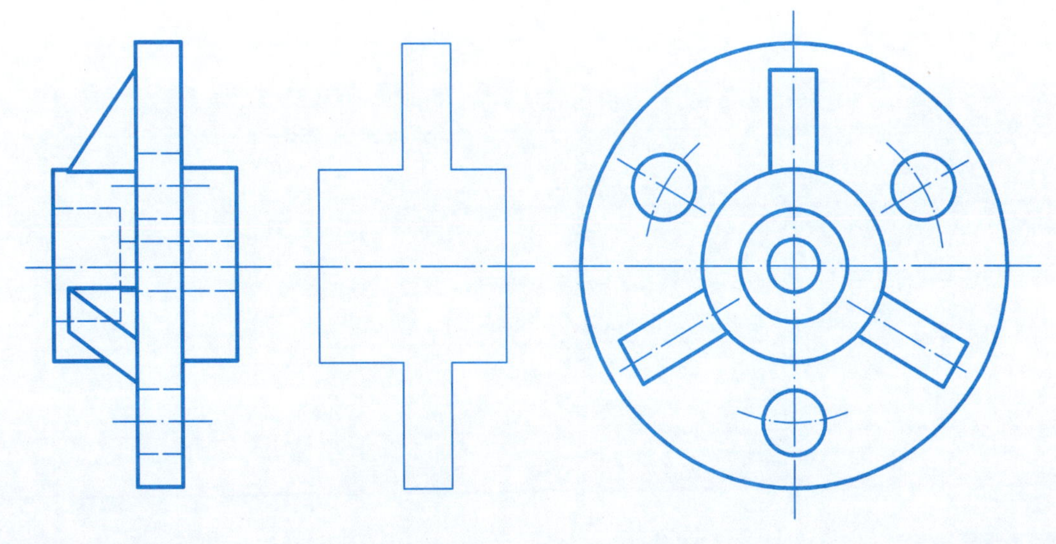

4.选择采用简化画法的正确的主视图。

(1)

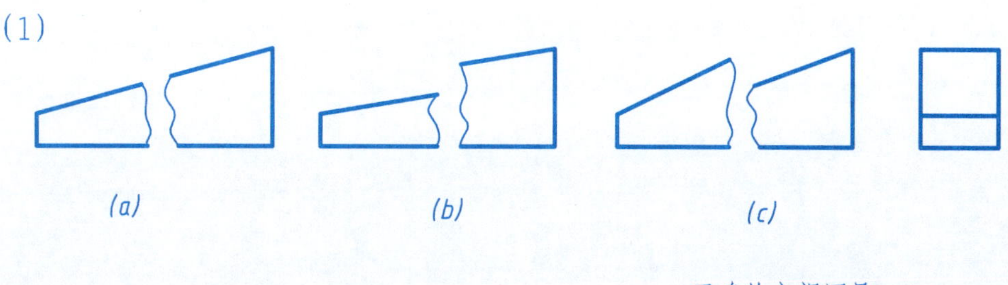

正确的主视图是________。

(2)

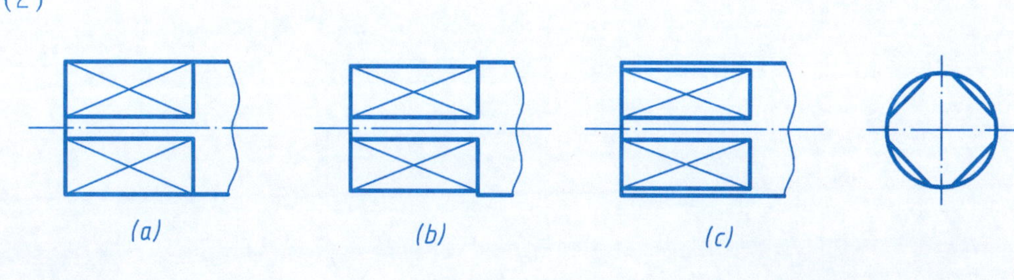

正确的主视图是________。

1. 按下列要求读图

(1) 分析视图，在各视图上作相应的标注，将各视图联系起来。

(2) 该机件用 ___ 个图形表达，其中有 ___ 个是基本视图，还有 ______ 图、______ 图、______ 图和 ______ 图。

(3) 主视图采用了 ______ 剖；俯视图采用了 ______ 剖。

(4) 该机件共由 ______ 部分组成，每部分的基本形状是 ______ ______。

2. 按下列要求读图

(1) 分析视图，在各视图上作相应的标注，将各视图联系起来。

(2) 该机件用 5 个图形表达，主视图取 ______ 剖，俯视图取 ______ 剖，还有 ______ 图、______ 图和 ______ 图。

(3) 该机件上共有 ______ 个槽；共有 ______ 个孔，其中 ______ 个阶梯孔，______ 个小圆孔。

(4) 在指定位置徒手绘制该机件的轴测图。

1. 选择适当的表达方法，用 1:2 的比例表达机件并标注尺寸。

说明：①机件前后对称，左右对称。

②机件上未注明孔深的均为通孔。

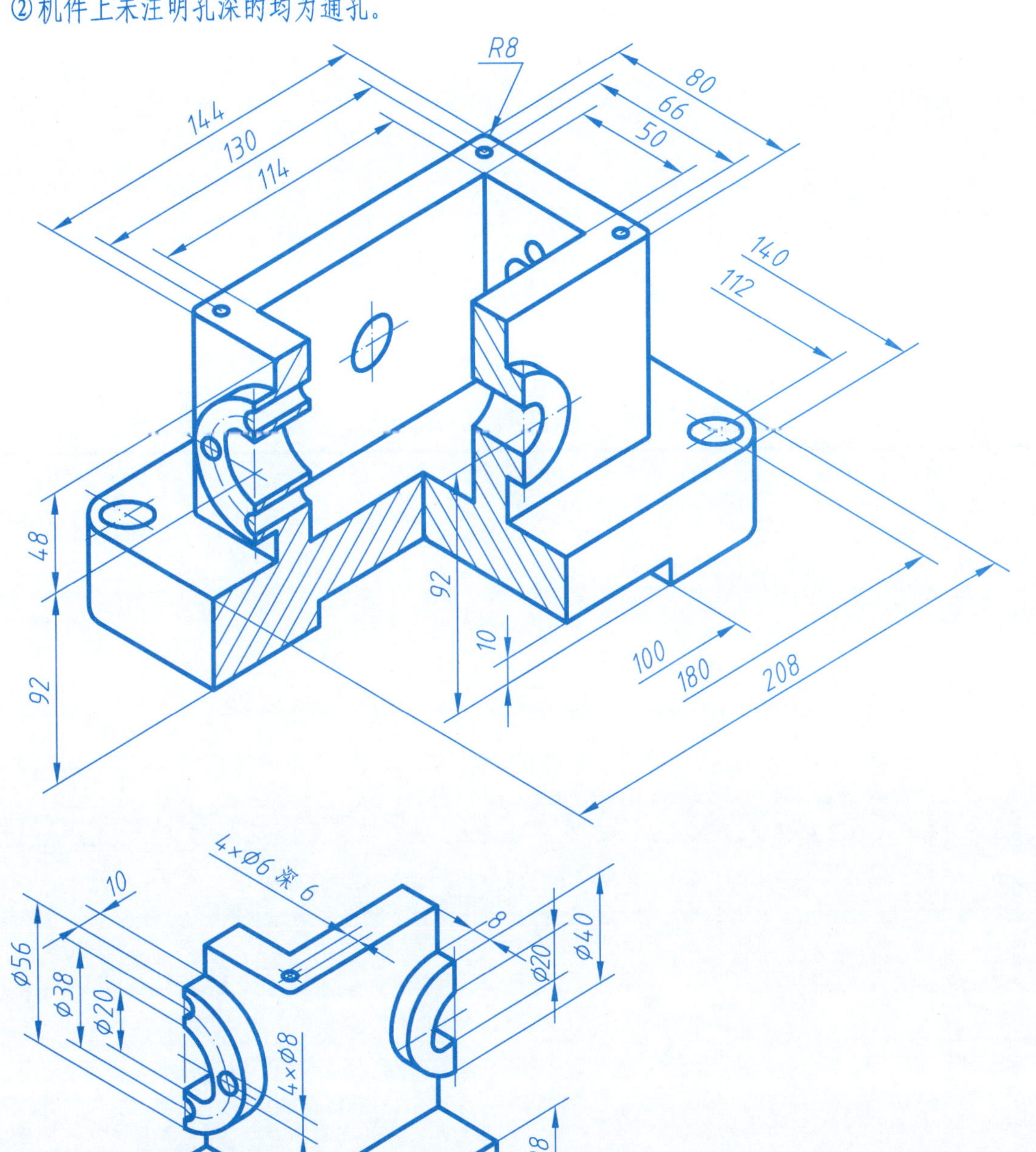

2. 下图比例为1:2，读懂已知视图，选择适当的表达方法，用1:1的比例表达图示机件并标注尺寸。

说明：尺寸直接在图中量，并取整数。

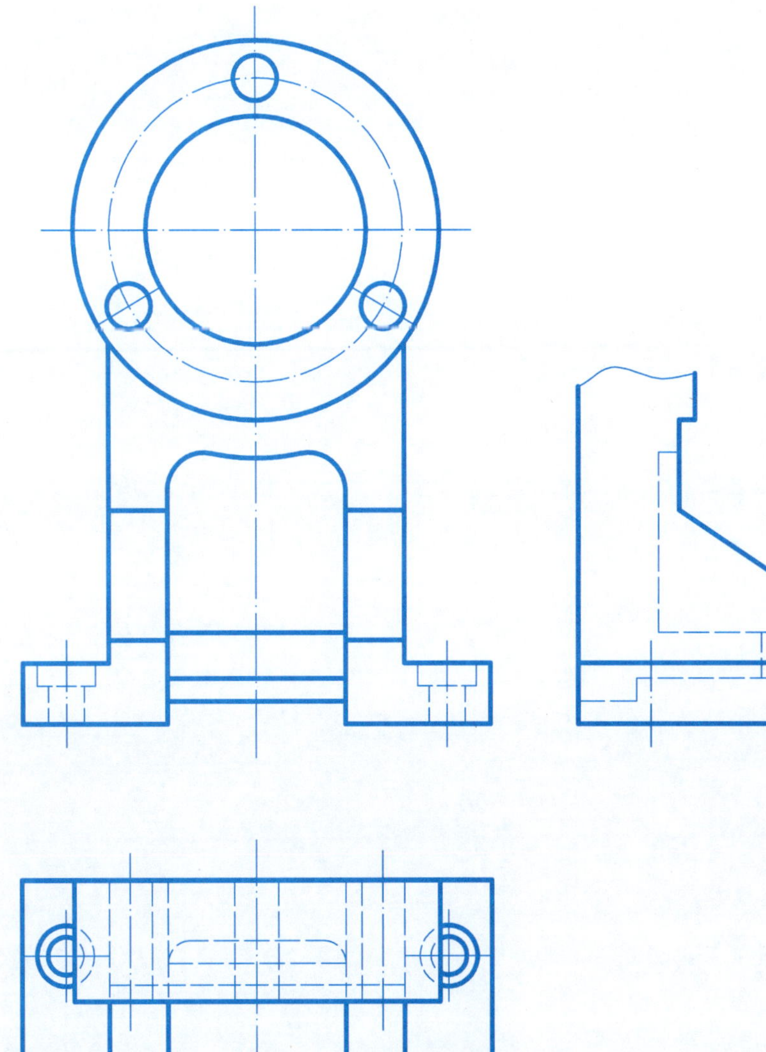

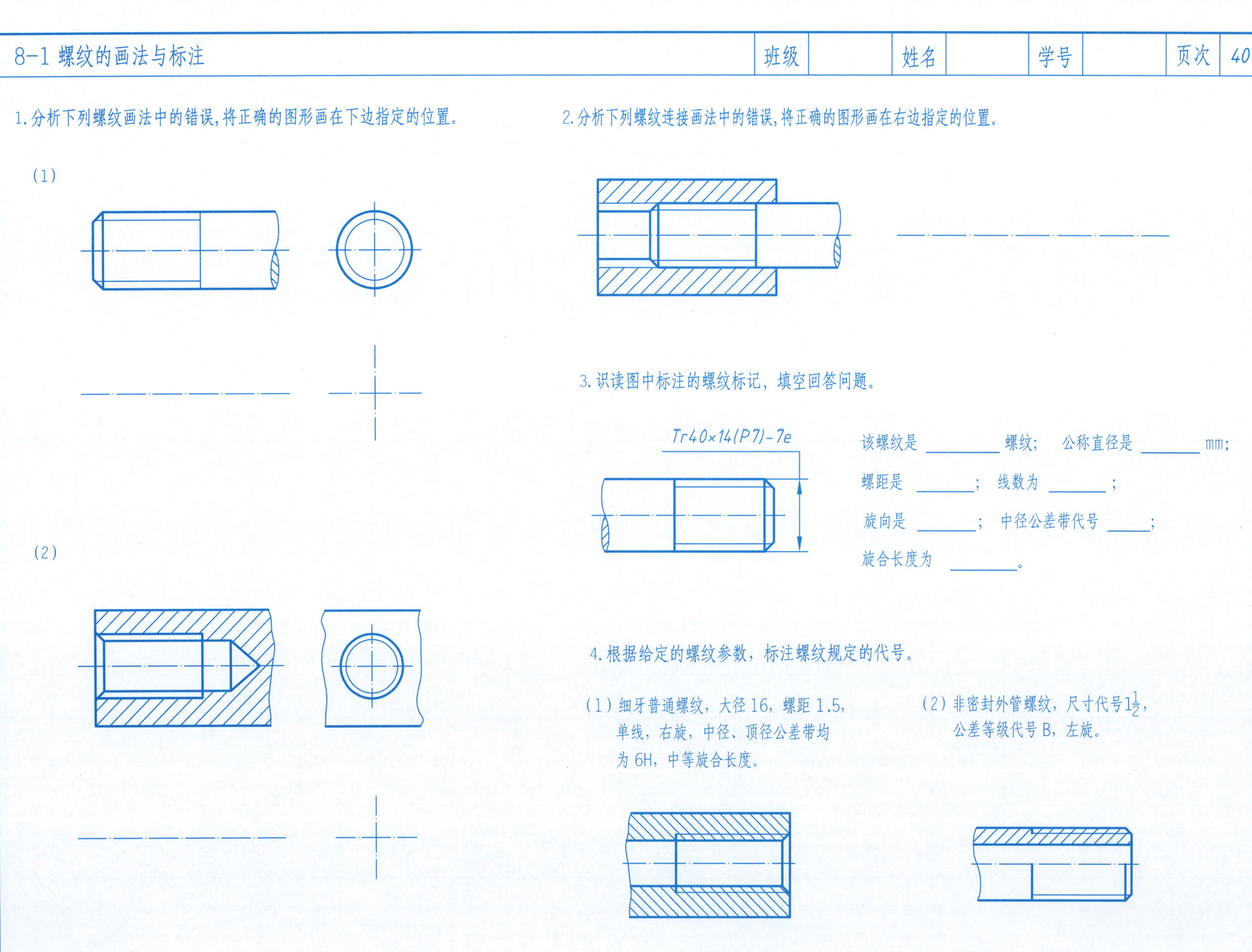
1. 分析下列螺纹画法中的错误，将正确的图形画在下边指定的位置。
(1)
(2)
2. 分析下列螺纹连接画法中的错误，将正确的图形画在右边指定的位置。
3. 识读图中标注的螺纹标记，填空回答问题。
Tr40×14(P7)-7e
该螺纹是 ______ 螺纹；公称直径是 ______ mm；
螺距是 ______；线数为 ______；
旋向是 ______；中径公差带代号 ______；
旋合长度为 ______。
4. 根据给定的螺纹参数，标注螺纹规定的代号。
(1) 细牙普通螺纹，大径 16，螺距 1.5，单线，右旋，中径、顶径公差带均为 6H，中等旋合长度。
(2) 非密封外管螺纹，尺寸代号1½，公差等级代号 B，左旋。

1. 分析螺栓连接图中的错误，在指定位置用比例画法画出正确的螺栓连接图（用简化画法绘制）。

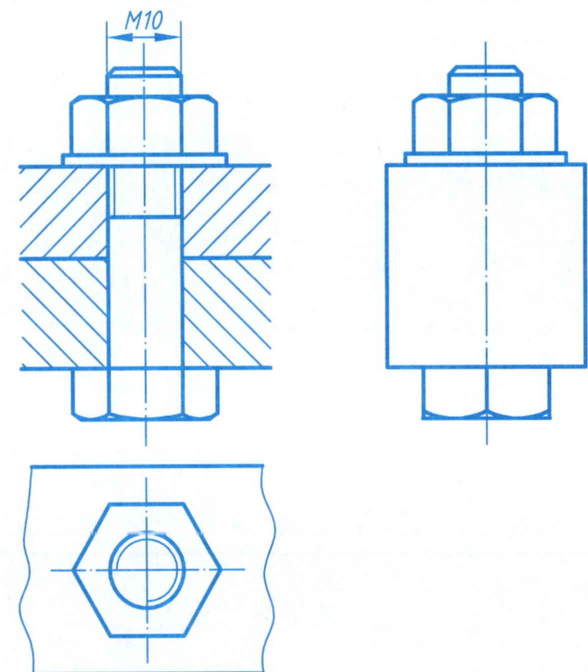

2. 分析双头螺柱连接图中的错误，在指定位置用比例画法画出正确的双头螺柱连接图（用简化画法绘制）。

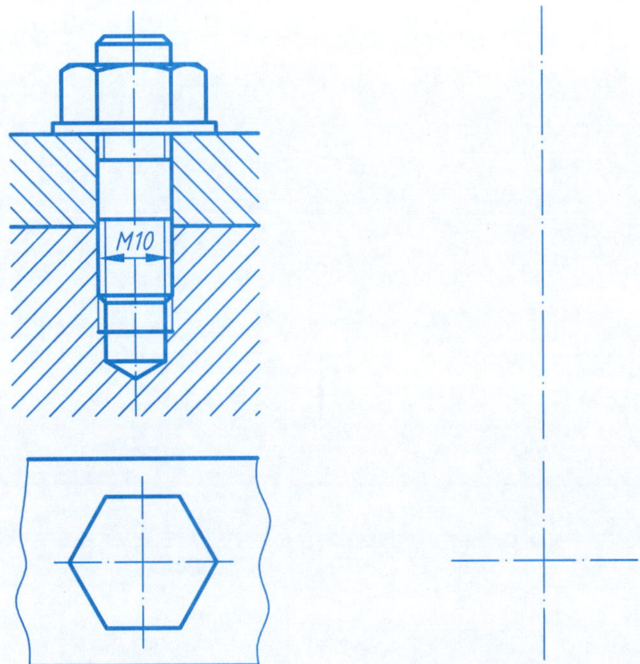

3. 分析螺钉连接图中的错误，在指定位置用比例画法画出正确的螺钉连接图（用简化画法绘制）。

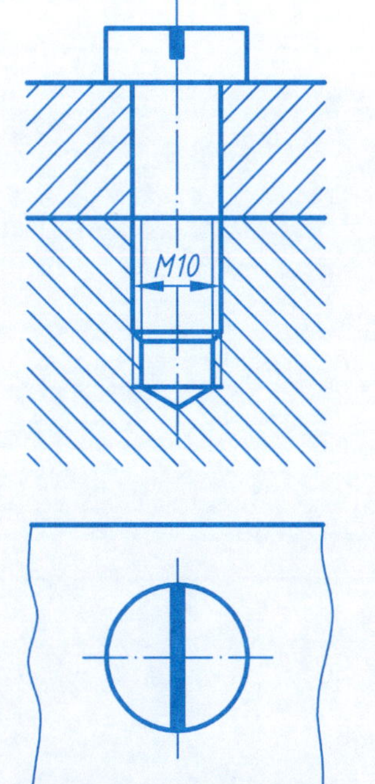

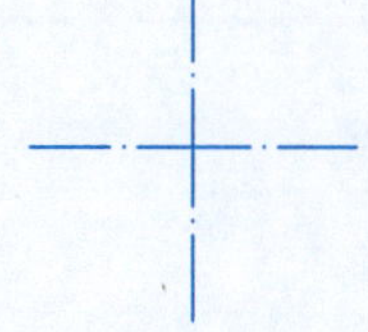

1. 已知带轮与轴用普通平键连接，轴与轴孔直径d=32 mm，键的规定标记为：GB/T 1096 键10×8×45。
要求：查表确定键和键槽的尺寸，并用1:2的比例完成下列各图。

(1)画出键槽局部剖及A—A移出断面图，并标注键槽尺寸。

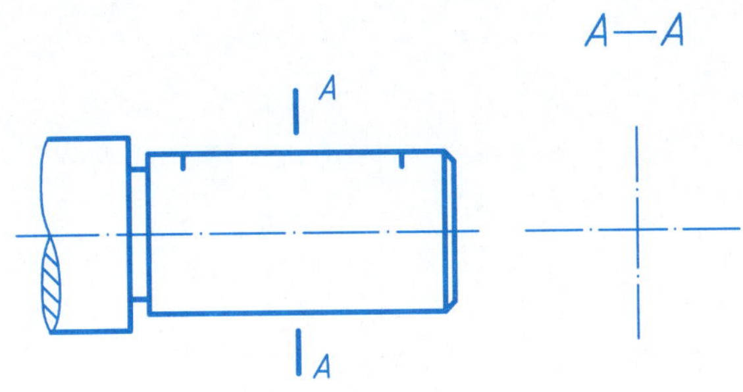

(2)完成带轮全剖视图及B向局部视图，并标注键槽尺寸。

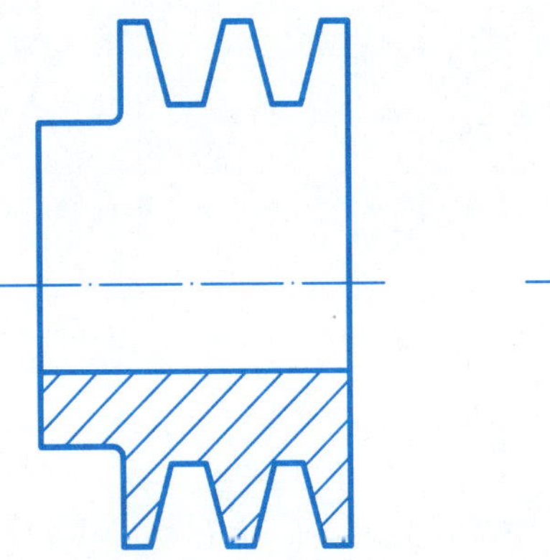

(3)完成轴和带轮的键连接图(C—C为移出断面)。

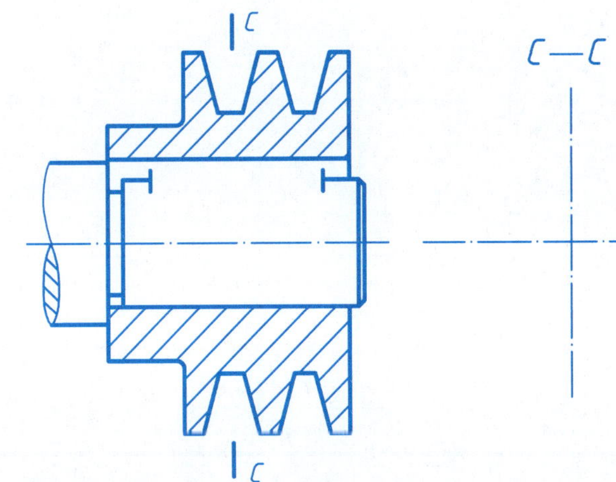

2. 用标记为“销GB/T 119—2000 A8×35”的圆柱销，连接下图的轴和齿轮，完成其连接图。

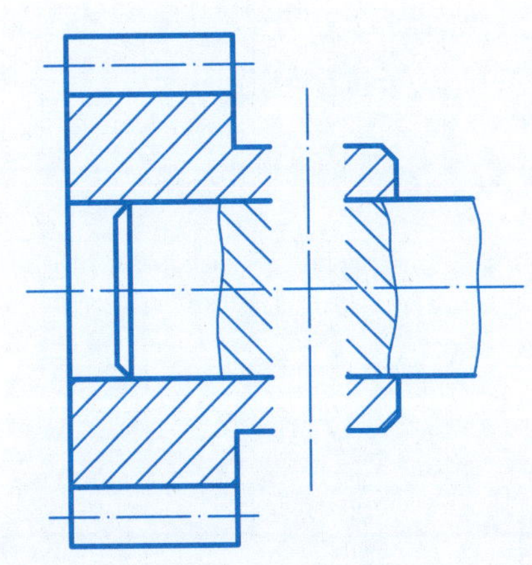

3. 已知直齿圆柱齿轮模数m=2，齿数z=40，齿轮结构为腹板式。计算齿轮分度圆直径、齿顶圆直径及齿根圆直径，按1:1完成齿轮的主、左视图(腹板尺寸从图中量取)。

d=

d_a=

d_f=

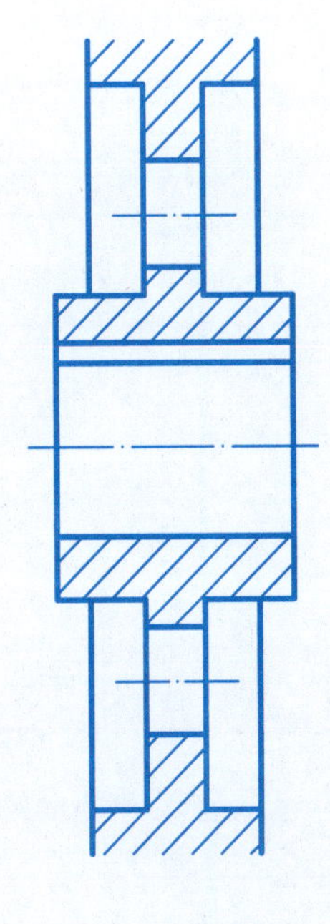

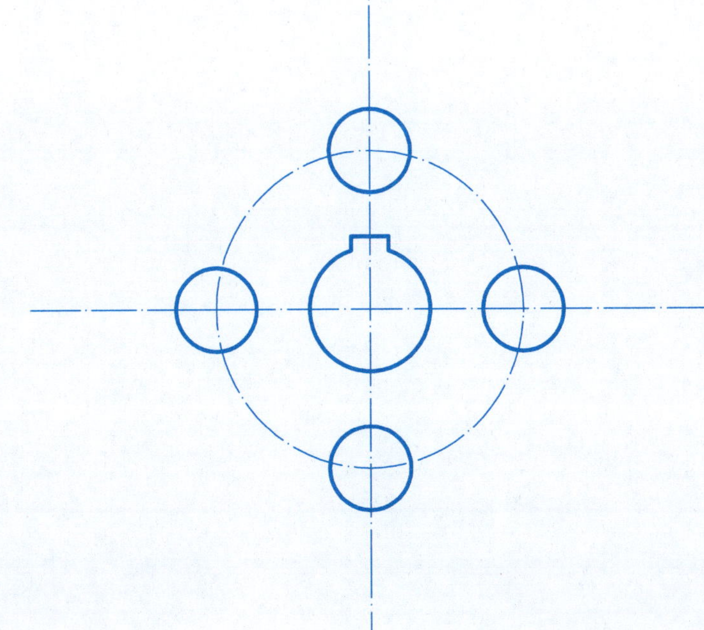

1. 已知大齿轮模数m=4，齿数z=38，两啮合齿轮的中心距等于110 mm，要求按 1:2的比例完成直齿圆柱齿轮啮合图。

计算：大齿轮

分度圆 d_1 =

齿顶圆 d_{a1} =

齿根圆 d_{f1} =

小齿轮

分度圆 d_2 =

齿顶圆 d_{a2} =

齿根圆 d_{f2} =

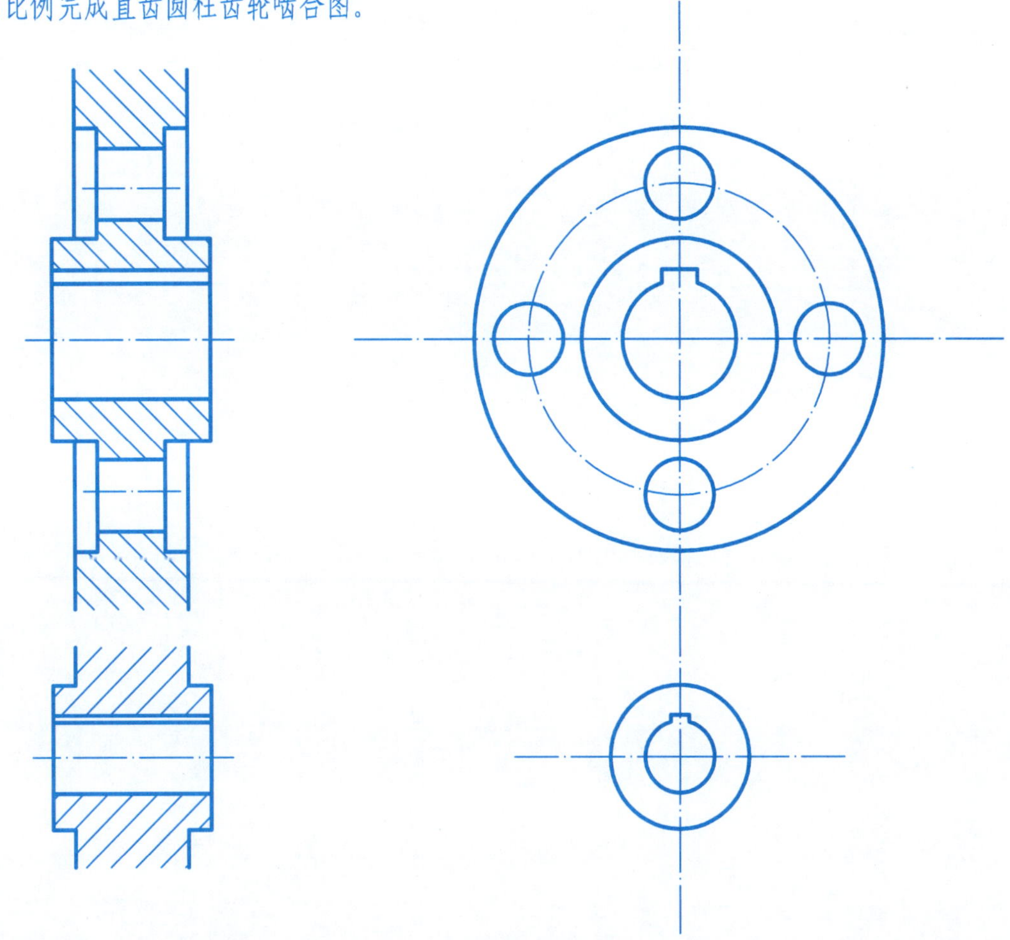

2. 已知圆柱螺旋压缩弹簧的簧丝直径d=5 mm；弹簧外径D=55 mm，节距t=10 mm，有效圈数 n=7 ，支承圈n_0=2.5，右旋。用1:1的比例画出弹簧的轴向全剖视图，并标注必要的尺寸。

计算：

自由高度 H_0 =

弹簧中径 D_2 =

1. 判定下列各铸件结构是否合理。

(1)

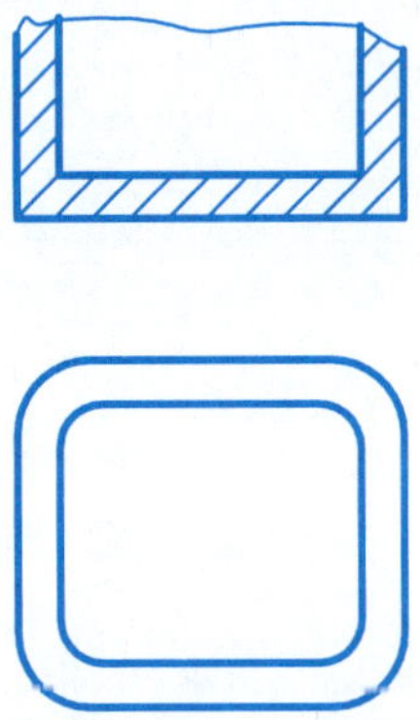

(2)

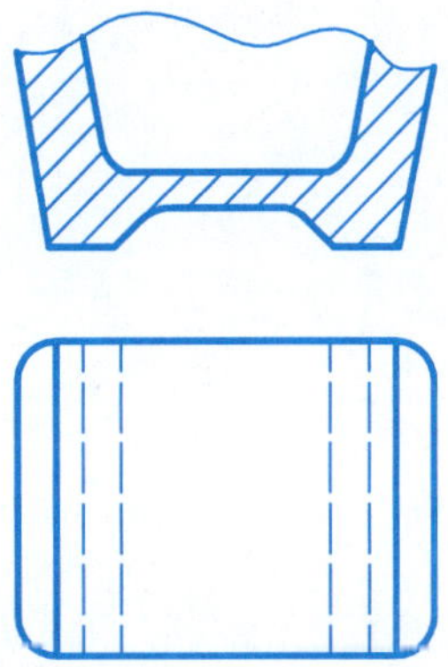

(3)

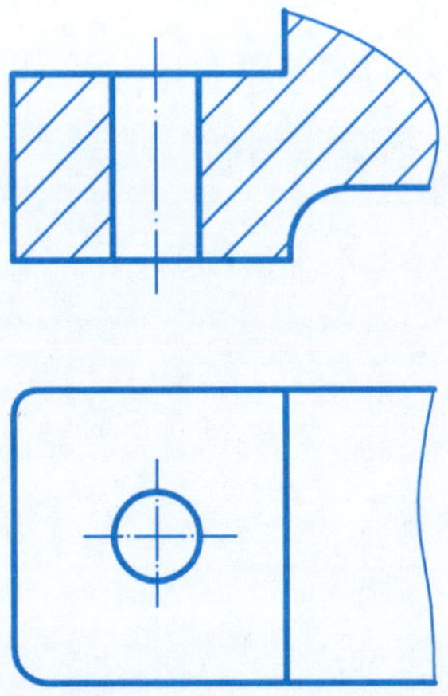

(4)

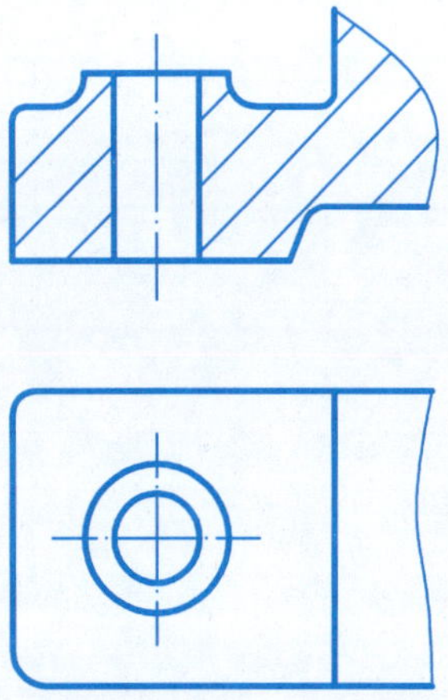

2. 补画各题右图中零件表面上的过渡线，同对应的左图作比较。

(1)

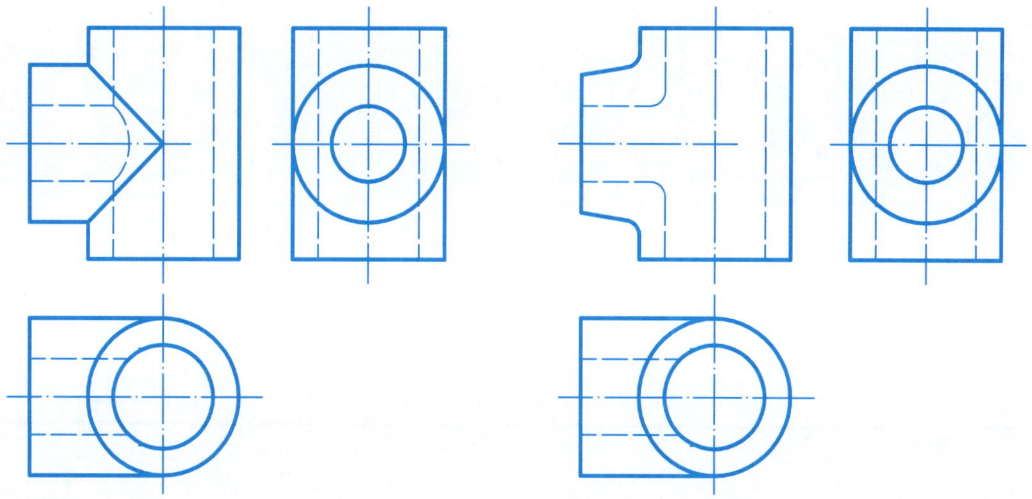

(2)

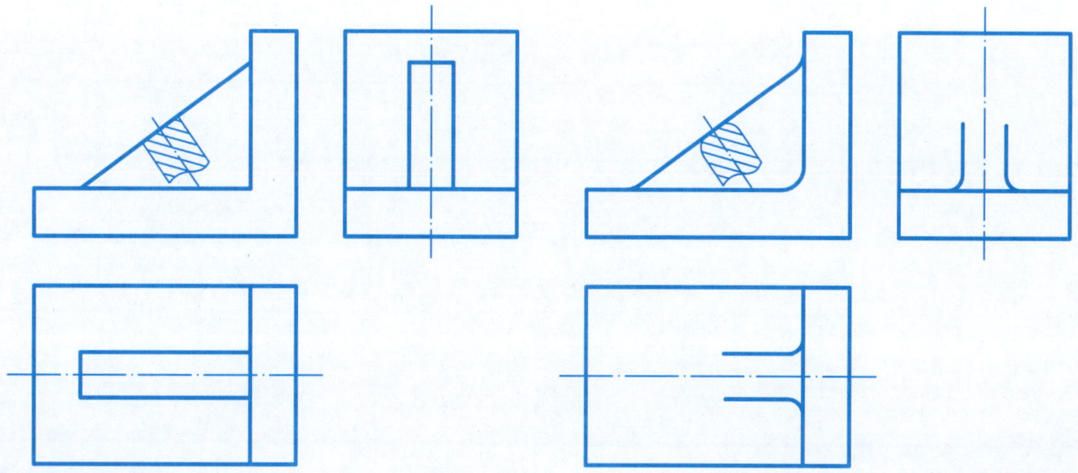

1. 填空说明下列配合代号的意义。

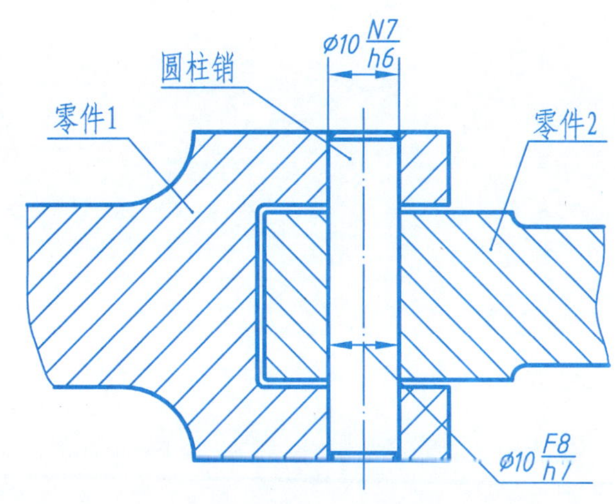

(1) 零件1与圆柱销为______制，_______配合。

零件2与圆柱销为______制，_______配合。

(2) $\phi10\frac{F8}{h7}$的含义是:

a. 孔的公称尺寸为__________。

轴的公称尺寸为__________。

b. 孔的基本偏差代号为__________，

孔的公差等级为__________。

c. 轴的基本偏差代号为__________，

轴的公差等级为__________。

2. 根据配合代号，查表后在零件图上以偏差值的形式分别标注轴和孔的尺寸。

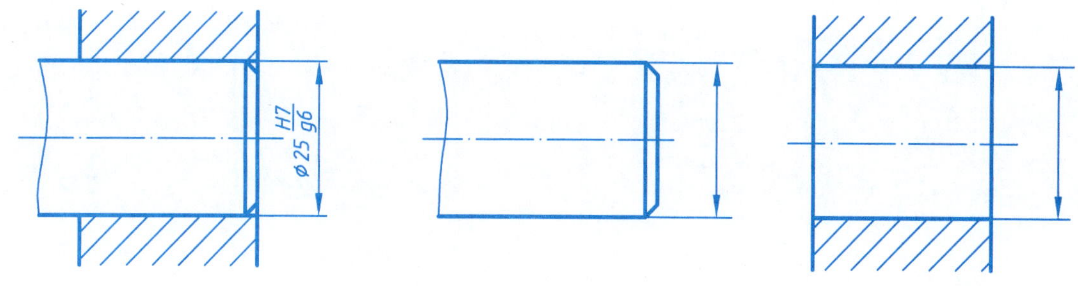

3. 根据所给参数，用符号在下图中标注齿轮轴各表面的粗糙度(所有表面去除材料，在默认条件下)。

(1) 齿轮工作面和ø40m6圆柱面的表面粗糙度参数*Ra*的单向上限值为0.8 μm。

(2) 锥面、齿轮顶面的表面粗糙度参数*Ra*的单向上限值为1.6 μm。

(3) 键槽工作面的表面粗糙度参数*Ra*的单向上限值为3.2 μm。

(4) 其余的表面粗糙度参数*Ra*的单向上限值均为6.3 μm。

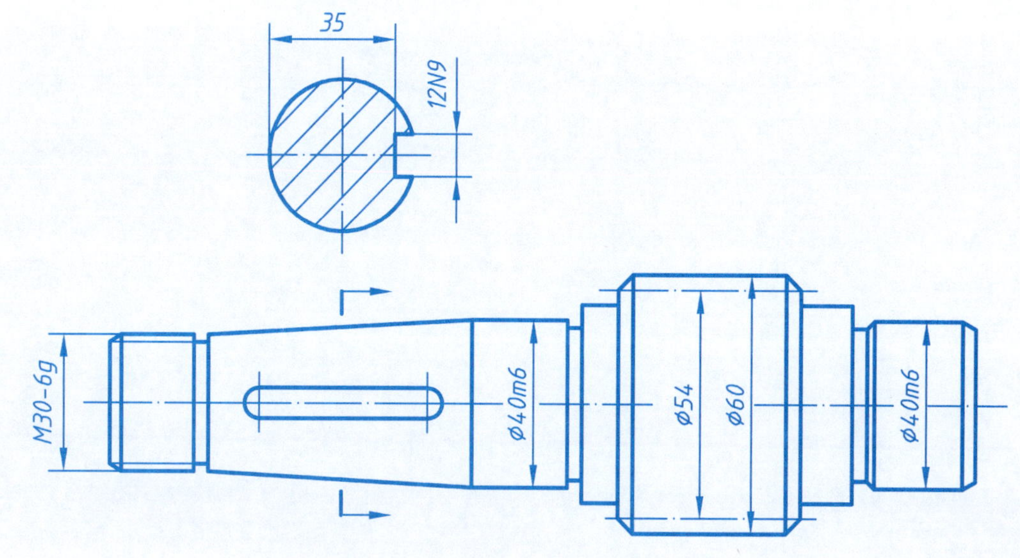

1.用文字说明图中几何公差代号的含义。

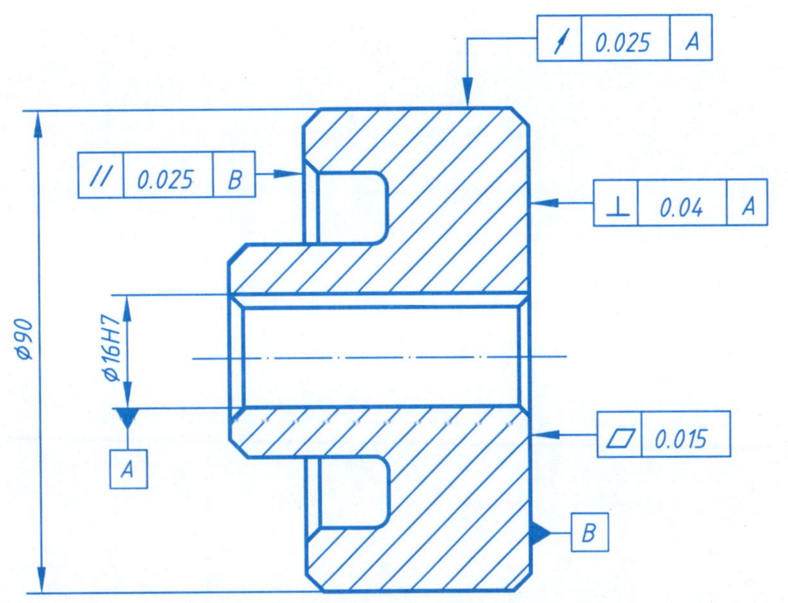

// 0.025 B ________________

↗ 0.025 A ________________

⊥ 0.04 A ________________

▱ 0.015 ________________

2.根据下列要求在右图中用代号标注几何公差。

要求:

① 平面A对 ⌀35k6 轴线的垂直度公差值为0.03。

② 键槽对称中心对 ⌀35k6 轴线的对称度公差值为0.01。

③ ⌀35k6 圆柱面对两端 ⌀30m7 公共轴线的圆跳动公差值为0.02。

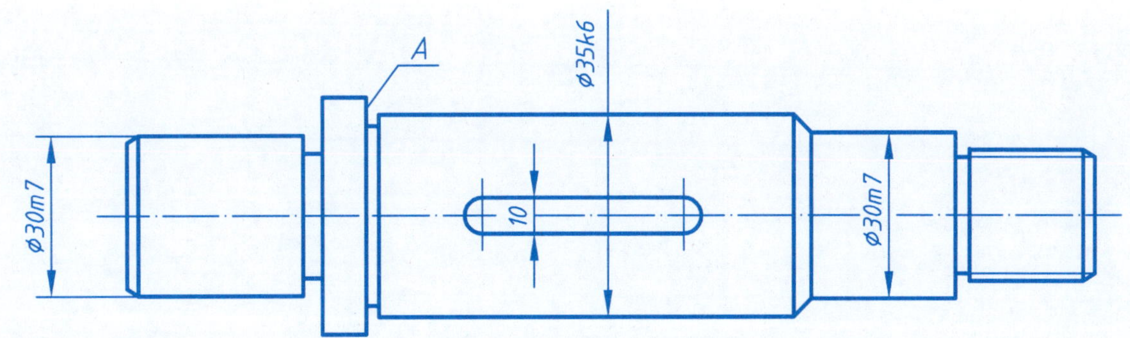

9-4 读零件图（一）	班级		姓名		学号		页次	47

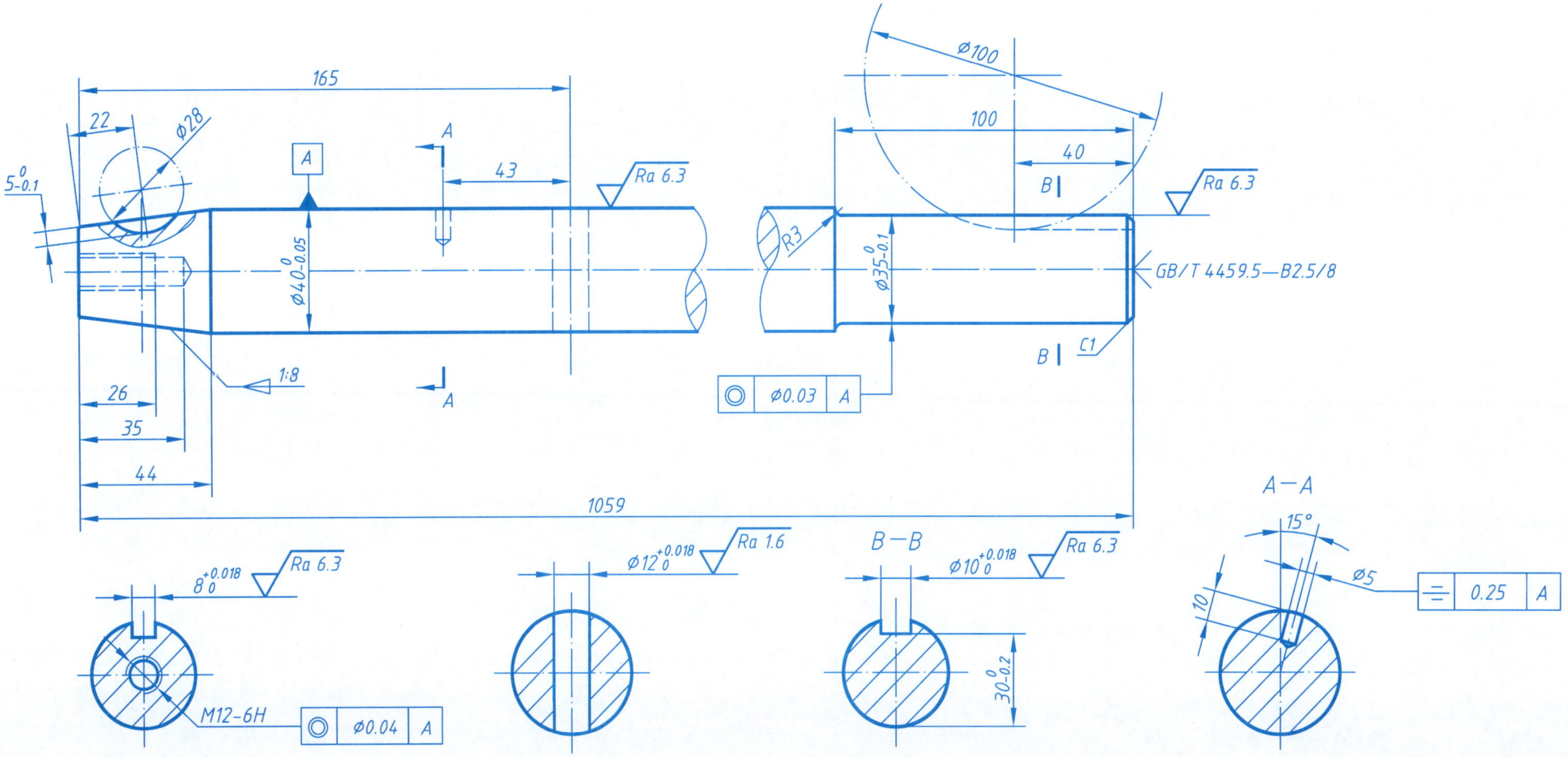

读图想象出该零件的形状并回答下列问题：

（1）该零件名称____________，主视图符合_______位置。

（2）零件采用了_____个基本视图和_____个断面图，主视图采用了____________画法。

（3）◎ Ø0.04 A 的含义：被测要素为____________________，基准要素为__________________，

公差项目为____________________，公差值为___________________。

（4）该零件表面结构要求最高的是_________________， 符号为_________________。

（5）在图中标出长、宽、高的尺寸基准。

技术要求：

HRC 25～58。

Ra 12.5 （√）

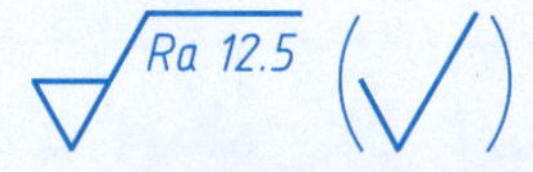

割刀传动轴		材料	45	比例	1:2
		数量			
制图					
审核					

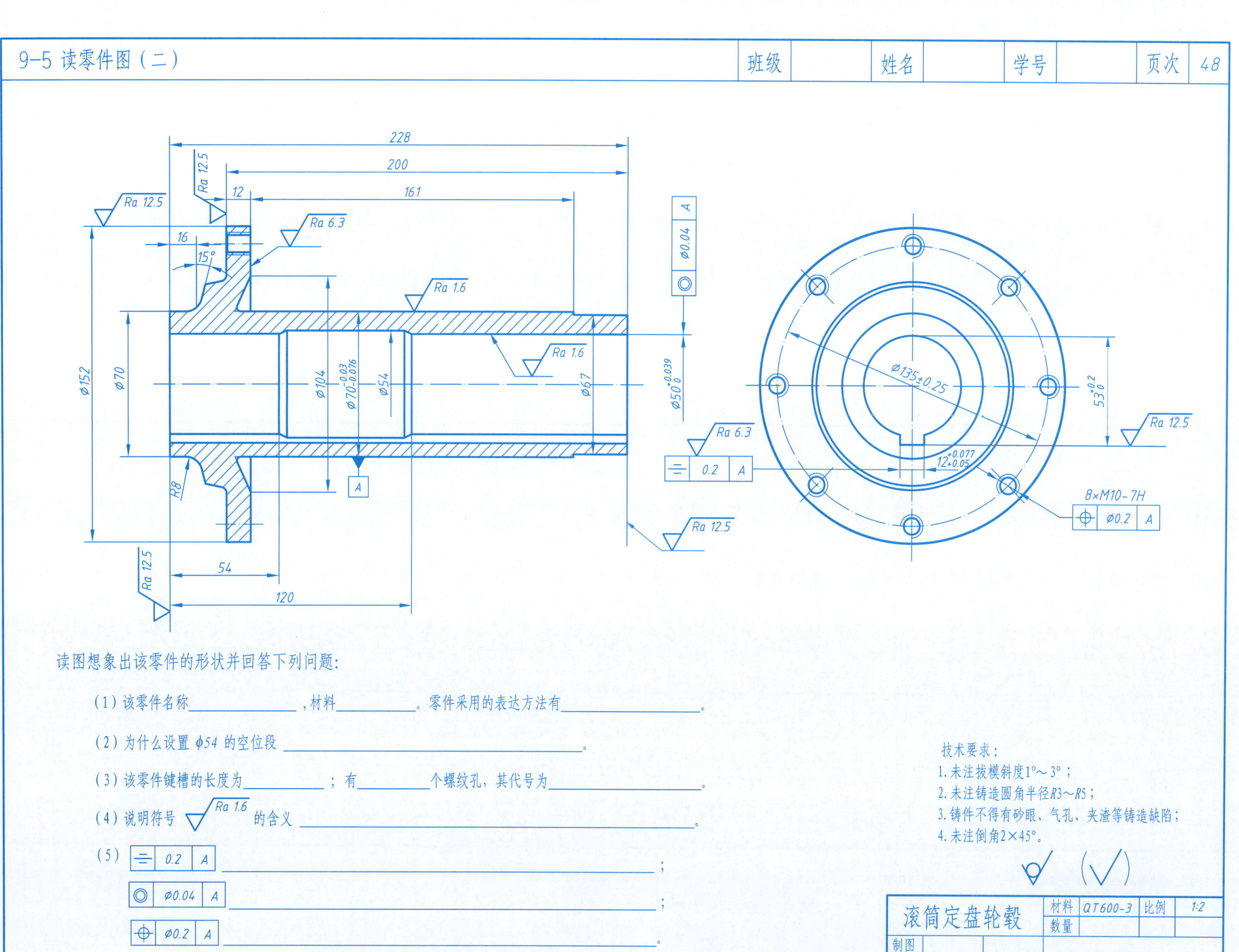

9-5 读零件图（二）

读图想象出该零件的形状并回答下列问题：

（1）该零件名称________，材料______。零件采用的表达方法有__________。

（2）为什么设置 φ54 的空位段__________________。

（3）该零件键槽的长度为______；有_____个螺纹孔，其代号为__________。

（4）说明符号 Ra 1.6 的含义______________________。

（5）⌯ 0.2 A ________________________；

◎ φ0.04 A ________________________；

⌖ φ0.2 A ________________________。

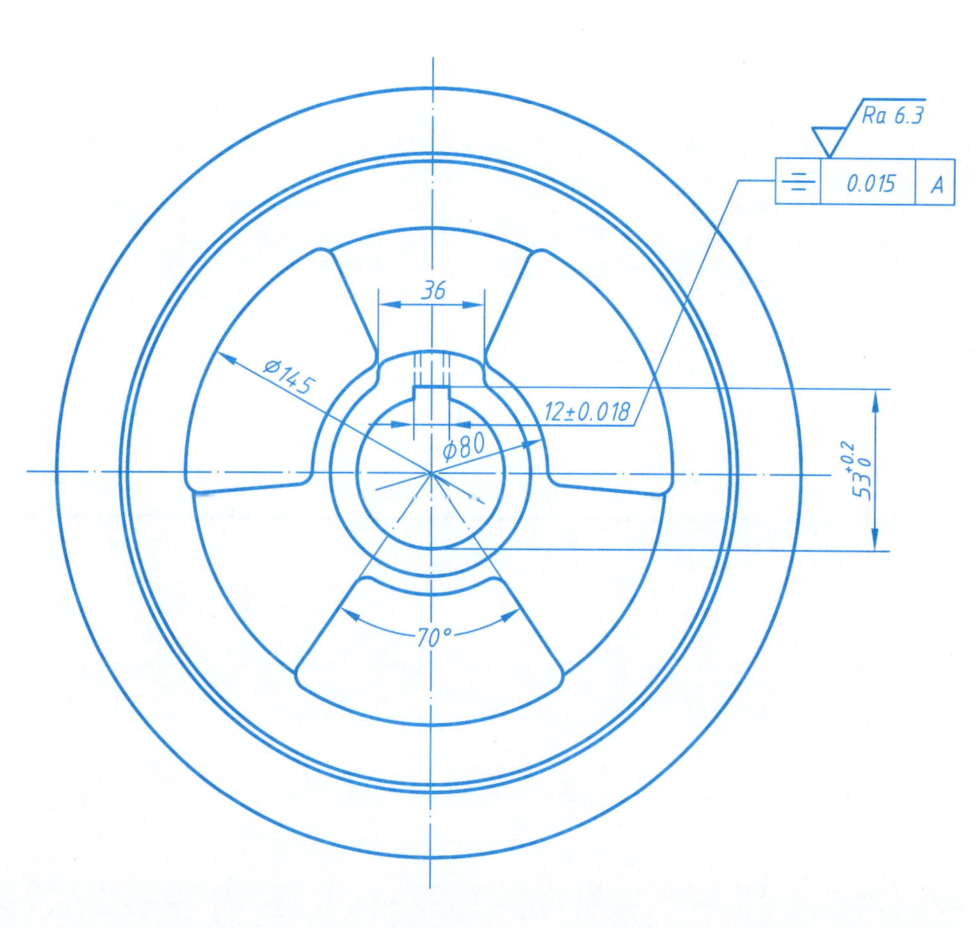

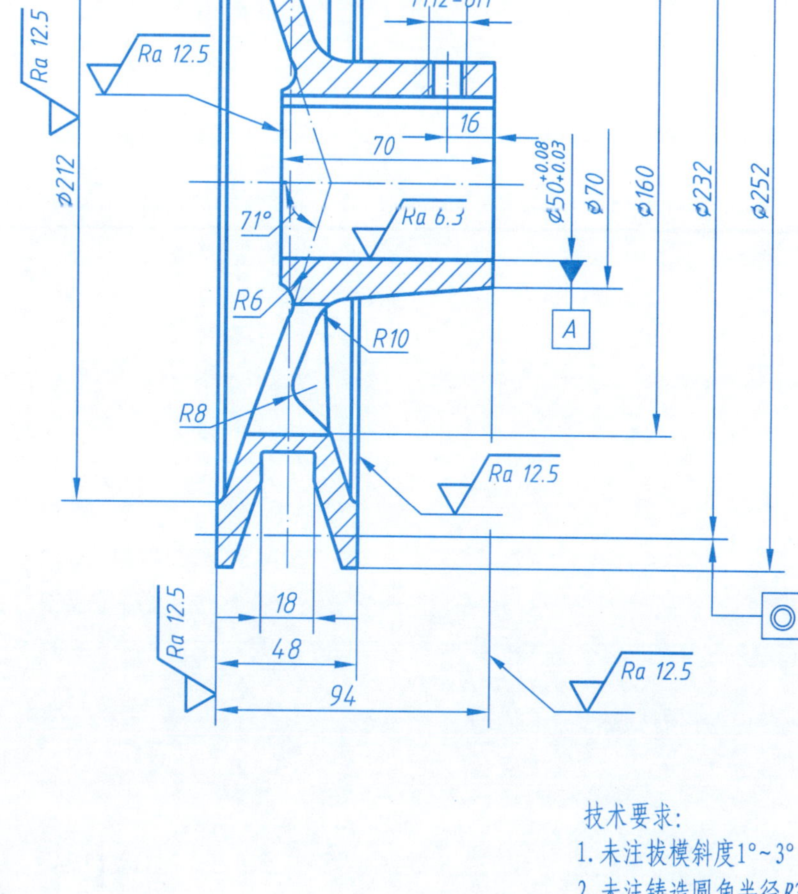

读图想象出该零件的形状并回答下列问题：

（1）该零件用主视图和右视图来表示，主视图符合________位置，采用了____________剖。

（2）标题栏中HT200表示____。

（3）零件表面粗糙度要求最高表面Ra的上限值为____________。

（4）孔$\phi 50^{+0.008}_{+0.03}$的上极限尺寸为____________，下极限尺寸为____________。

（5）◎ 0.021 A ____；

⌯ 0.015 A ____。

技术要求：
1. 未注拔模斜度1°~3°；
2. 未注铸造圆角半径R3~R5；
3. 铸件不得有砂眼、气孔、夹渣等铸造缺陷；
4. 未注倒角2×45°。

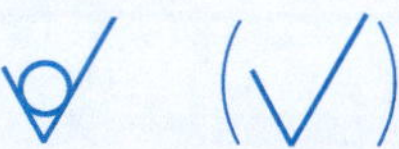

三角皮带轮	材料	HT200	比例	1:2
	数量			
制图				
审核				

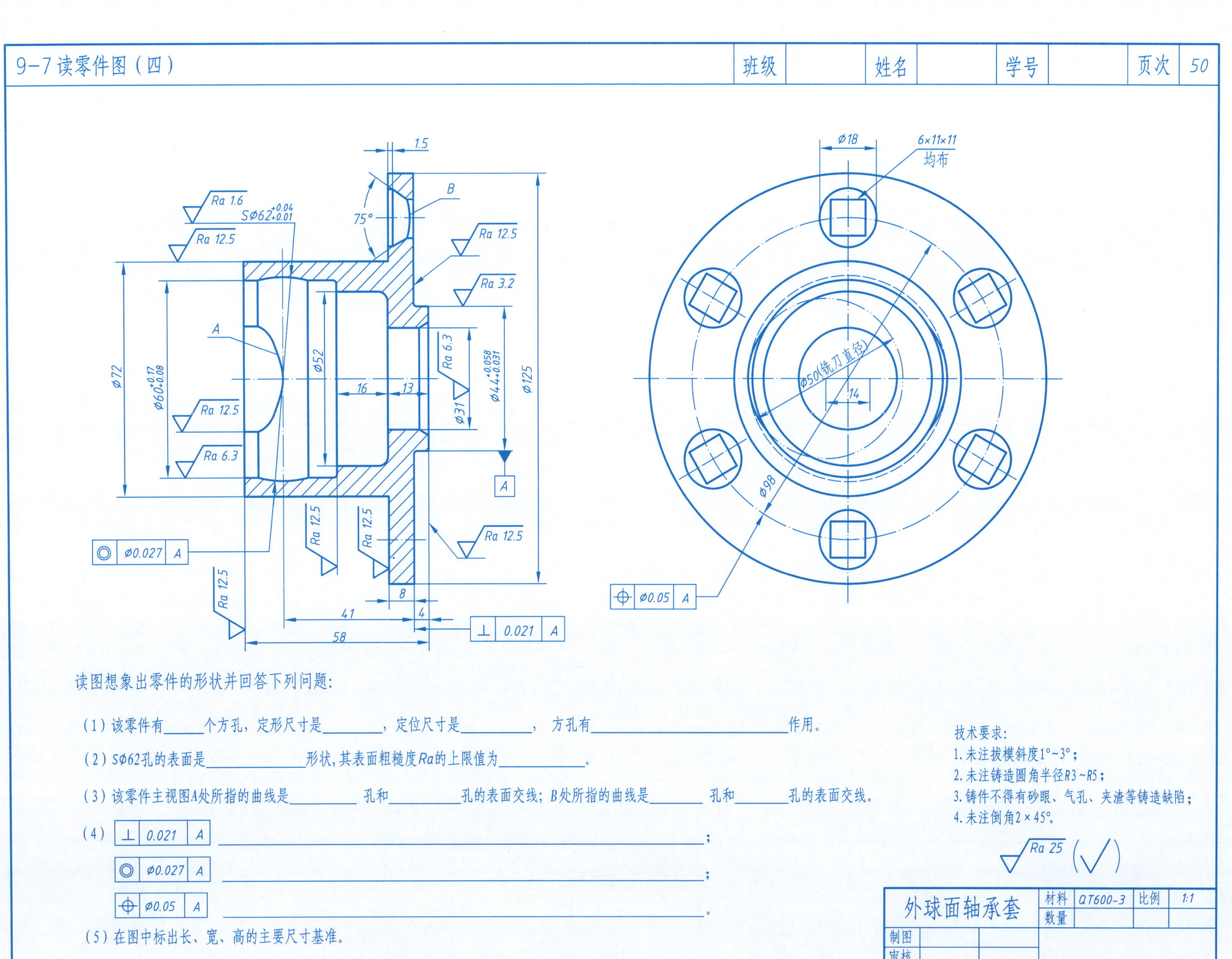
9-7 读零件图（四）
班级
姓名
学号
页次
50
1.5
B
75°
Ra 1.6
SΦ62+0.04 +0.01
Ra 12.5
Ra 12.5
Ra 3.2
A
Φ72
Φ60+0.17 +0.08
Φ52
16
13
Ra 6.3
Φ31
Φ44+0.058 +0.031
Φ125
Ra 12.5
Ra 6.3
A
Ra 12.5
Ra 12.5
Ra 12.5
Φ0.027 A
Ra 12.5
8
41
4
58
⊥ 0.021 A
Φ18
6×11×11
均布
Φ50(铣刀直径)
14
Φ98
Φ0.05 A
读图想象出零件的形状并回答下列问题：
（1）该零件有____个方孔，定形尺寸是______，定位尺寸是_______，方孔有______________________作用。
（2）SΦ62孔的表面是__________形状，其表面粗糙度Ra的上限值为_________。
（3）该零件主视图A处所指的曲线是_______孔和_______孔的表面交线；B处所指的曲线是______孔和______孔的表面交线。
（4）⊥ 0.021 A ______________________________；
Φ0.027 A ______________________________；
Φ0.05 A ______________________________。
（5）在图中标出长、宽、高的主要尺寸基准。
技术要求：
1.未注拔模斜度1°~3°；
2.未注铸造圆角半径R3~R5；
3.铸件不得有砂眼、气孔、夹渣等铸造缺陷；
4.未注倒角2×45°。
Ra 25 (√)
外球面轴承套
材料
QT600-3
比例
1:1
数量
制图
审核

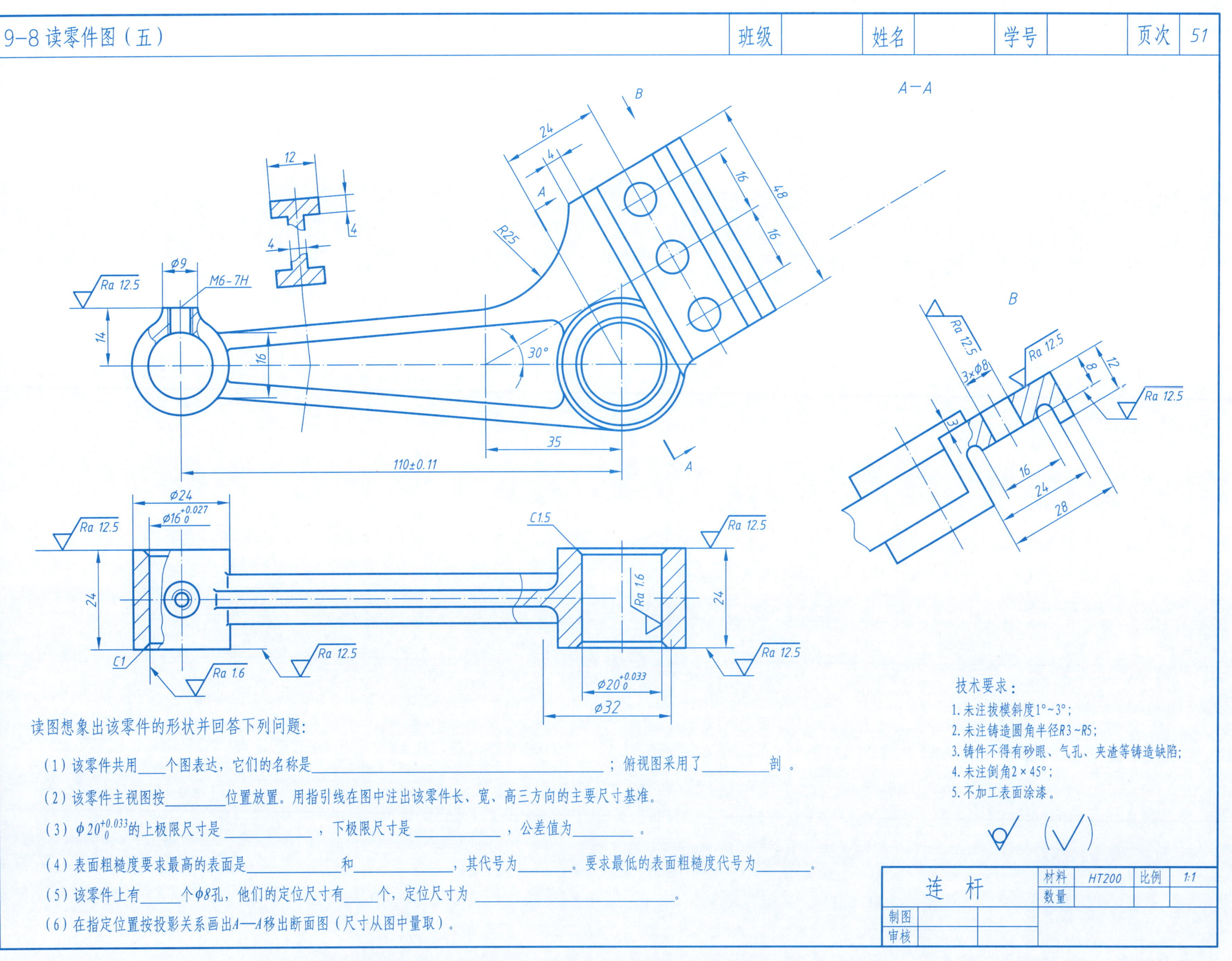

读图想象出该零件的形状并回答下列问题:

（1）该零件共用____个图表达，它们的名称是____；俯视图采用了__________剖 。

（2）该零件主视图按________位置放置。用指引线在图中注出该零件长、宽、高三方向的主要尺寸基准。

（3）$\phi 20^{+0.033}_{0}$的上极限尺寸是____________，下极限尺寸是____________，公差值为________。

（4）表面粗糙度要求最高的表面是_____________和_____________，其代号为_______。要求最低的表面粗糙度代号为_______。

（5）该零件上有_____个φ8孔，他们的定位尺寸有____个，定位尺寸为 ________________________。

（6）在指定位置按投影关系画出A—A移出断面图（尺寸从图中量取）。

技术要求：

1. 未注拔模斜度1°~3°；
2. 未注铸造圆角半径R3~R5；
3. 铸件不得有砂眼、气孔、夹渣等铸造缺陷；
4. 未注倒角2×45°；
5. 不加工表面涂漆。

连　杆	材料	HT200	比例	1:1
	数量			
制图				
审核				

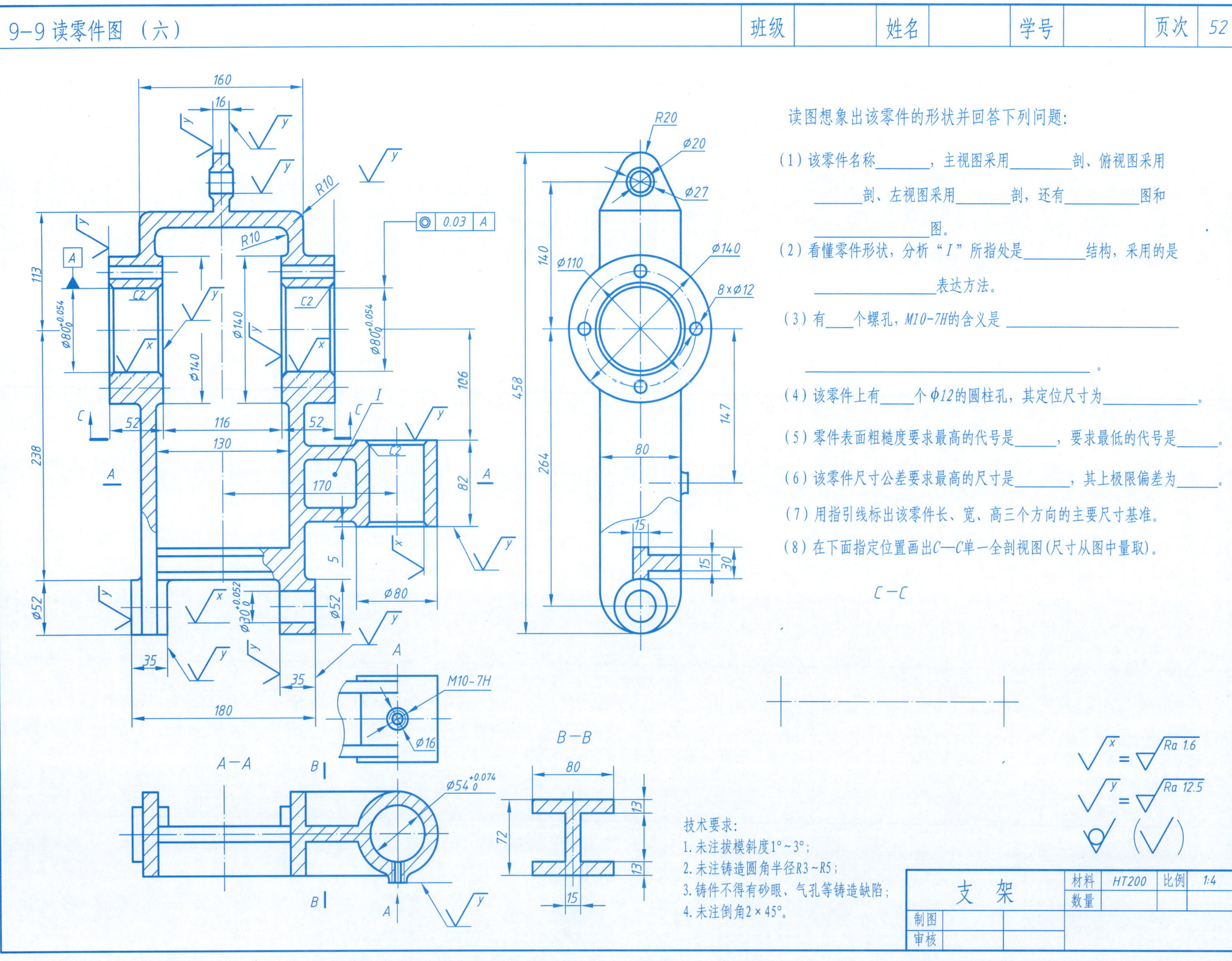

读图想象出该零件的形状并回答下列问题：

（1）该零件名称______，主视图采用______剖、俯视图采用______剖、左视图采用______剖，还有______图和______图。

（2）看懂零件形状，分析“I”所指处是______结构，采用的是______表达方法。

（3）有___个螺孔，M10-7H的含义是____________。

（4）该零件上有___个Ø12的圆柱孔，其定位尺寸为______。

（5）零件表面粗糙度要求最高的代号是_____，要求最低的代号是_____。

（6）该零件尺寸公差要求最高的尺寸是______，其上极限偏差为_____。

（7）用指引线标出该零件长、宽、高三个方向的主要尺寸基准。

（8）在下面指定位置画出C—C单一全剖视图（尺寸从图中量取）。

技术要求：
1. 未注拔模斜度1°~3°；
2. 未注铸造圆角半径R3~R5；
3. 铸件不得有砂眼、气孔等铸造缺陷；
4. 未注倒角2×45°。

1.工作原理：

离合器是一个连接装置，为保护啮合部分在工作过程中不受其他意外碰撞，离合器外壳罩在链轮外面，保护链轮。当受到外力时，由于钢球的阻挡作用，离合器外壳不发生轴向移动。当需要更换链条时，只需要向右拉动连接套，使钢球进入连接套左端的空槽，由于失去钢球的阻挡作用，离合器外壳和连接套同时向右移动至卡圈处，可进行维护和保养，工作时复位即可。

2.读离合器装配图，填空回答问题：

（1）装配体的名称是__________________，共由______种零件组成。

（2）该装配图由______个图形组成。主视图采用了____________剖，左视图采用了____________。

（3）钢球4的作用是____________________________________。

（4）ø50H8/f7是件____与件____的____尺寸，它们是________制的______配合。

（5）装配体的总体尺寸是__________________。

3.根据装配图，在下面绘制零件1离合器外壳的零件草图(尺寸从装配图中量取)。

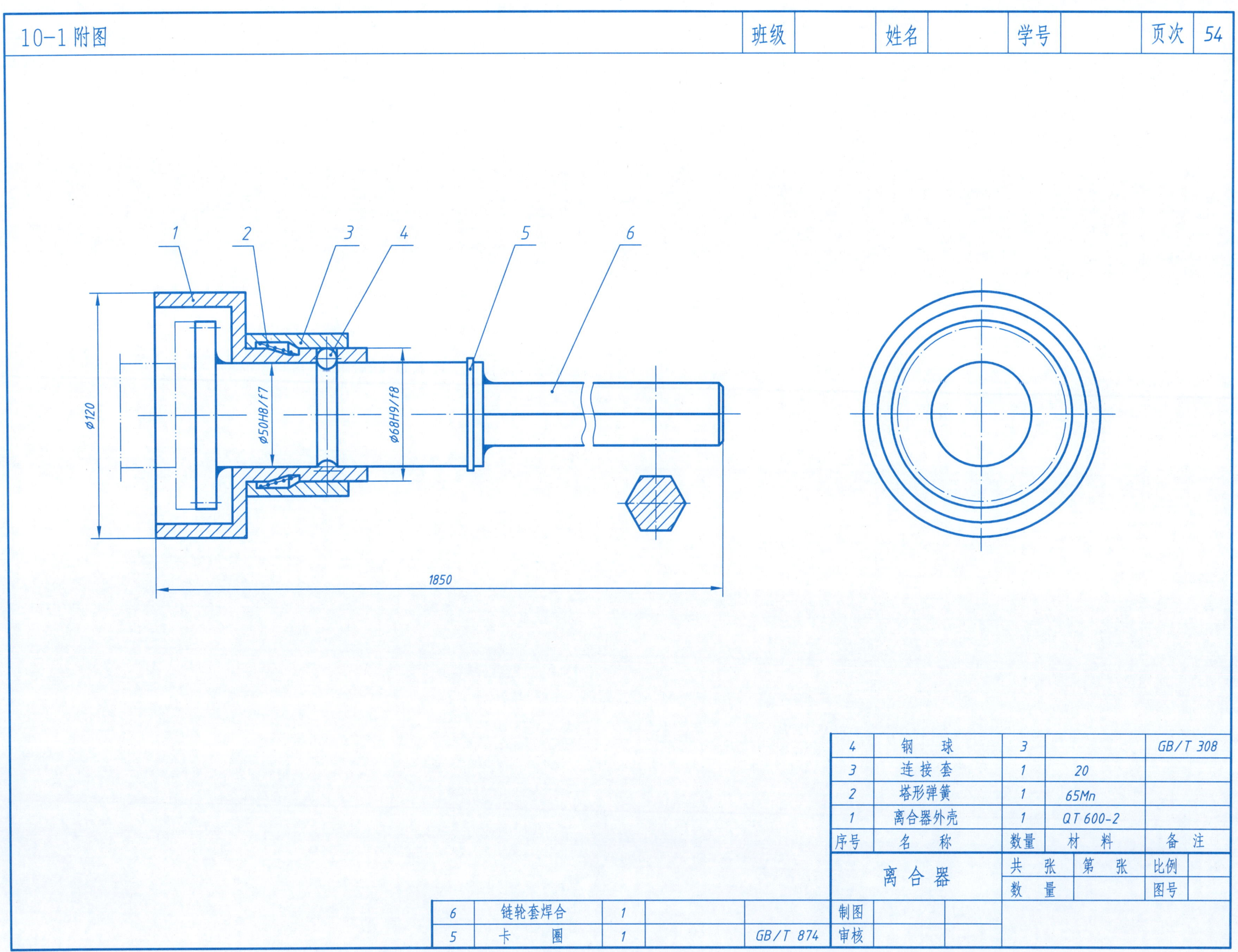
10-1 附图
班级
姓名
学号
页次
54
1
2
3
4
5
6
ø120
ø50H8/f7
ø68H9/f8
1850
4 钢 球 3 GB/T 308
3 连接套 1 20
2 塔形弹簧 1 65Mn
1 离合器外壳 1 QT600-2
序号 名 称 数量 材 料 备 注
离合器
共 张 第 张 比例
数 量 图号
6 链轮套焊合 1
5 卡 圈 1 GB/T 874
制图
审核

1.工作原理：

虎钳是用来夹持工件的。当用扳手转动螺杆1时，使得螺母8沿轴向移动，即带动活动钳身6作往复运动。正反转动螺杆1，将工件在两个钳口5之间夹紧和松开。

2.读虎钳装配图，填空回答问题：

（1）装配体的名称是________，共由 ____ 种零件组成，有______ 种标准件。

（2）该装配图由______ 个图形组成。主视图采用了________剖，左视图采用了________剖。

（3）活动钳身6的运动是依靠件________、_____带动的，它与螺母8是通过件____固定的。

（4）*26H8/f7*是件____ 与件 ___ 的 ____ 尺寸，它们是 ________制的________ 配合。

（5）装配体的总体尺寸是 ________________，安装尺寸是 ________________。

3.根据装配图，在下面指定位置绘制零件8螺母和零件6活动钳身的零件草图(尺寸从装配图中量取)。

零件 8 螺母

零件 6 活动钳身

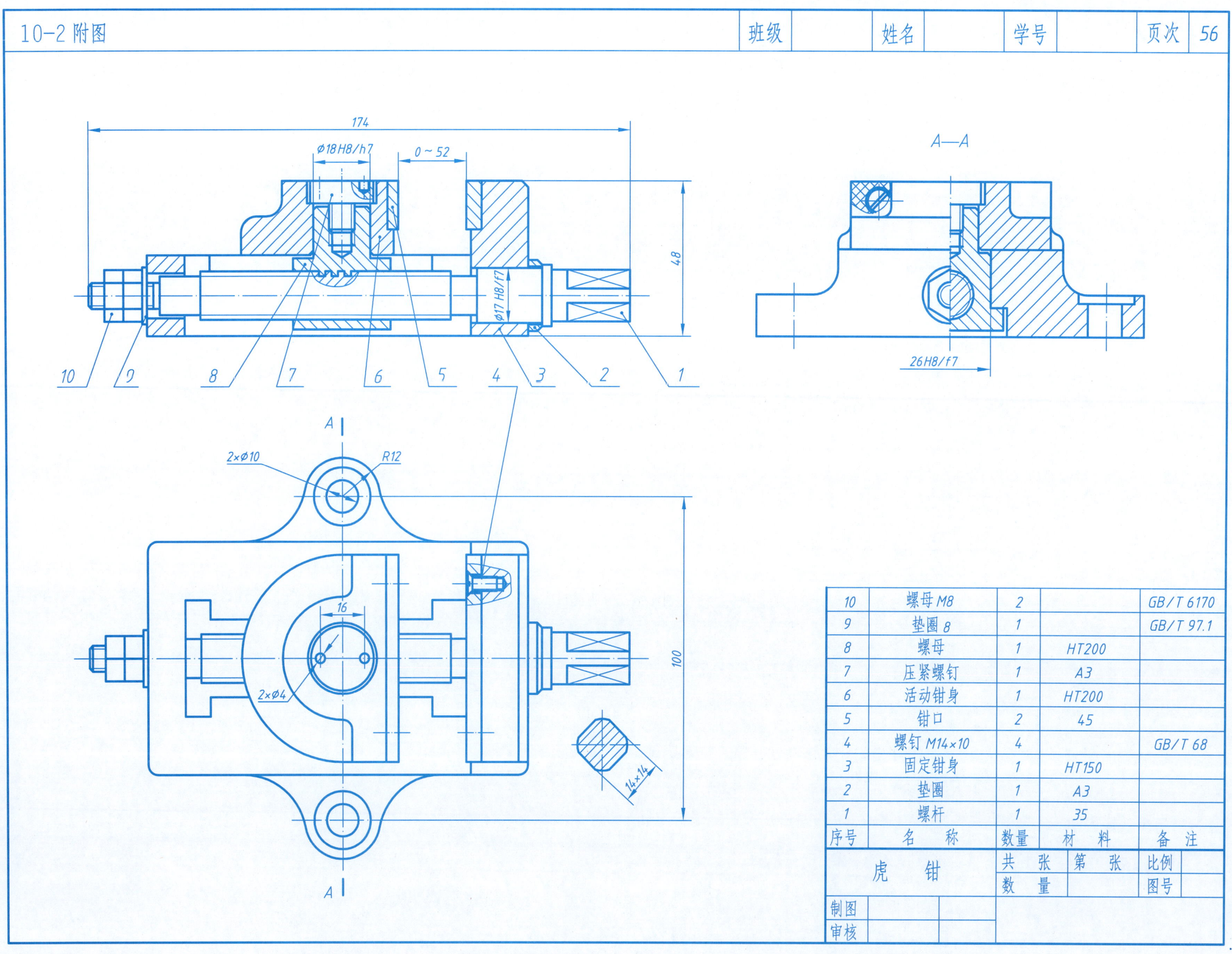

序号	名　称	数量	材　料	备　注
10	螺母 M8	2		GB/T 6170
9	垫圈 8	1		GB/T 97.1
8	螺母	1	HT200	
7	压紧螺钉	1	A3	
6	活动钳身	1	HT200	
5	钳口	2	45	
4	螺钉 M14×10	4		GB/T 68
3	固定钳身	1	HT150	
2	垫圈	1	A3	
1	螺杆	1	35	

1.工作原理：

钻模是用来在工件（双点画线表示的轮廓）上钻三个均匀分布孔的工具。钻头从三个钻套钻入。钻好第一个孔后，将钻模转动120°,钻第二个孔；同样，再转动120°，钻第三个孔。

2.读钻模装配图，填空回答问题：

（1）装配体的名称是____________________，共由________种零件组成，有____________种标准件。

（2）这张装配图由__________个视图组成，主视图采用了____________________图，俯视图采用了____________________图，左视图采用了__________________图。

（3）件2与件3是____________________配合，件4与件7是____________________配合，件7与件2是____________________配合。

（4）取卸工件时，应先旋松件____________________，再取下________________，然后拿下钻模板2，取出被加工的工件。

3.根据装配图，在下面指定位置绘制零件4轴和零件2钻模板的零件草图(尺寸从装配图中量取)。

零件 4 轴

零件 2 钻模板

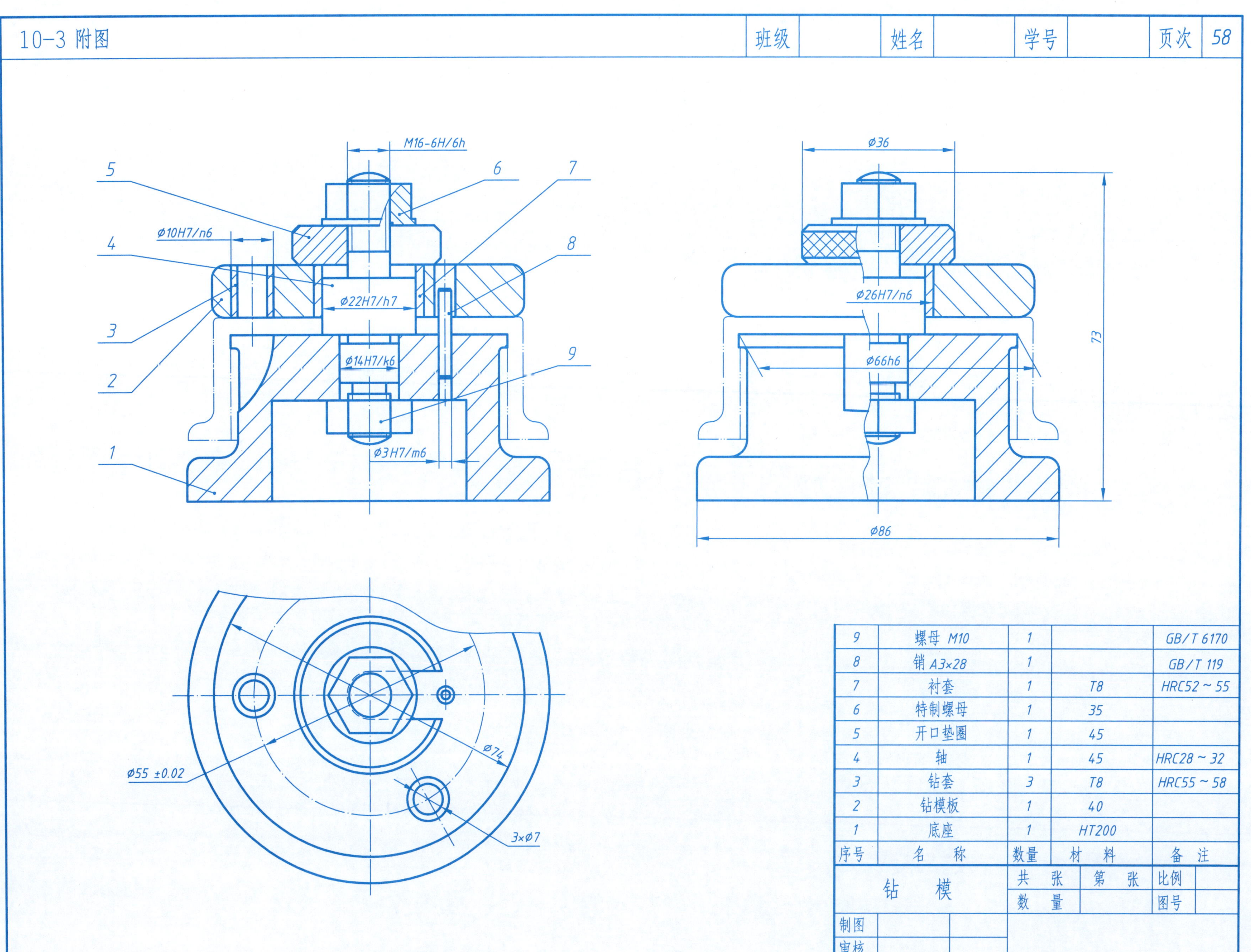
10-3 附图
班级
姓名
学号
页次
58
M16-6H/6h
5
6
7
4
ϕ10H7/n6
8
ϕ22H7/h7
3
ϕ14H7/k6
9
2
1
ϕ3H7/m6
ϕ36
ϕ26H7/n6
ϕ66h6
73
ϕ86
ϕ74
ϕ55 ±0.02
3×ϕ7
9 螺母 M10 1 GB/T 6170
8 销 A3×28 1 GB/T 119
7 衬套 1 T8 HRC52 ~ 55
6 特制螺母 1 35
5 开口垫圈 1 45
4 轴 1 45 HRC28 ~ 32
3 钻套 3 T8 HRC55 ~ 58
2 钻模板 1 40
1 底座 1 HT200
序号 名 称 数量 材 料 备 注
钻 模
共 张 第 张 比例
数 量 图号
制图
审核

1.工作原理：

柱塞泵是输送油或在液压系统中使油产生压力的一种装置。当柱塞5向右移动时，左端油缸密封的容积增大，因而产生负压，这时油箱里的油在大气压力作用下由进油口打开下阀瓣14进入油缸。当柱塞向左移动时，油缸密封的容积变小，使油产生压力而关闭下阀瓣，同时打开上阀瓣10将油经出油口压出。柱塞连续地往复运动，即可达到吸油和压油的目的。

2.看柱塞泵装配图，填空回答下列问题：

（1）衬套8的作用是＿＿＿＿＿＿＿＿＿＿＿＿＿＿＿＿。

（2）填料7和垫片9分别用＿＿＿＿＿＿＿＿、＿＿＿＿＿＿＿＿材料制成，它们起＿＿＿＿＿＿＿＿作用。

（3）*G3/8B*的意义是＿＿＿＿＿＿＿＿＿＿＿＿＿＿＿＿＿＿＿＿。

（4）填料压盖6通过件＿＿＿＿＿＿＿＿＿＿与泵体1连接。阀体13与泵体1是＿＿＿＿＿＿＿＿连接。

（5）柱塞5向右移动时，下阀瓣14向＿＿＿＿方向移动吸油；柱塞向左移动时，上阀瓣10向＿＿＿＿＿＿方向移动出油。

（6）写出装配图中下列尺寸：

装配尺寸＿＿＿＿＿＿＿＿＿＿＿＿＿＿＿＿＿＿＿＿。

外形尺寸＿＿＿＿＿＿＿＿＿＿＿＿＿＿＿＿＿＿＿＿。

（7）说明下列配合代号的意义：

$\phi 22H6/h5$＿＿＿＿＿＿＿＿＿＿＿＿＿＿＿＿＿＿＿＿。

$\phi 28H7/h6$＿＿＿＿＿＿＿＿＿＿＿＿＿＿＿＿＿＿＿＿。

3.根据装配图，拆画零件1泵体、零件5柱塞、零件10上阀瓣、零件13阀体的零件草图。

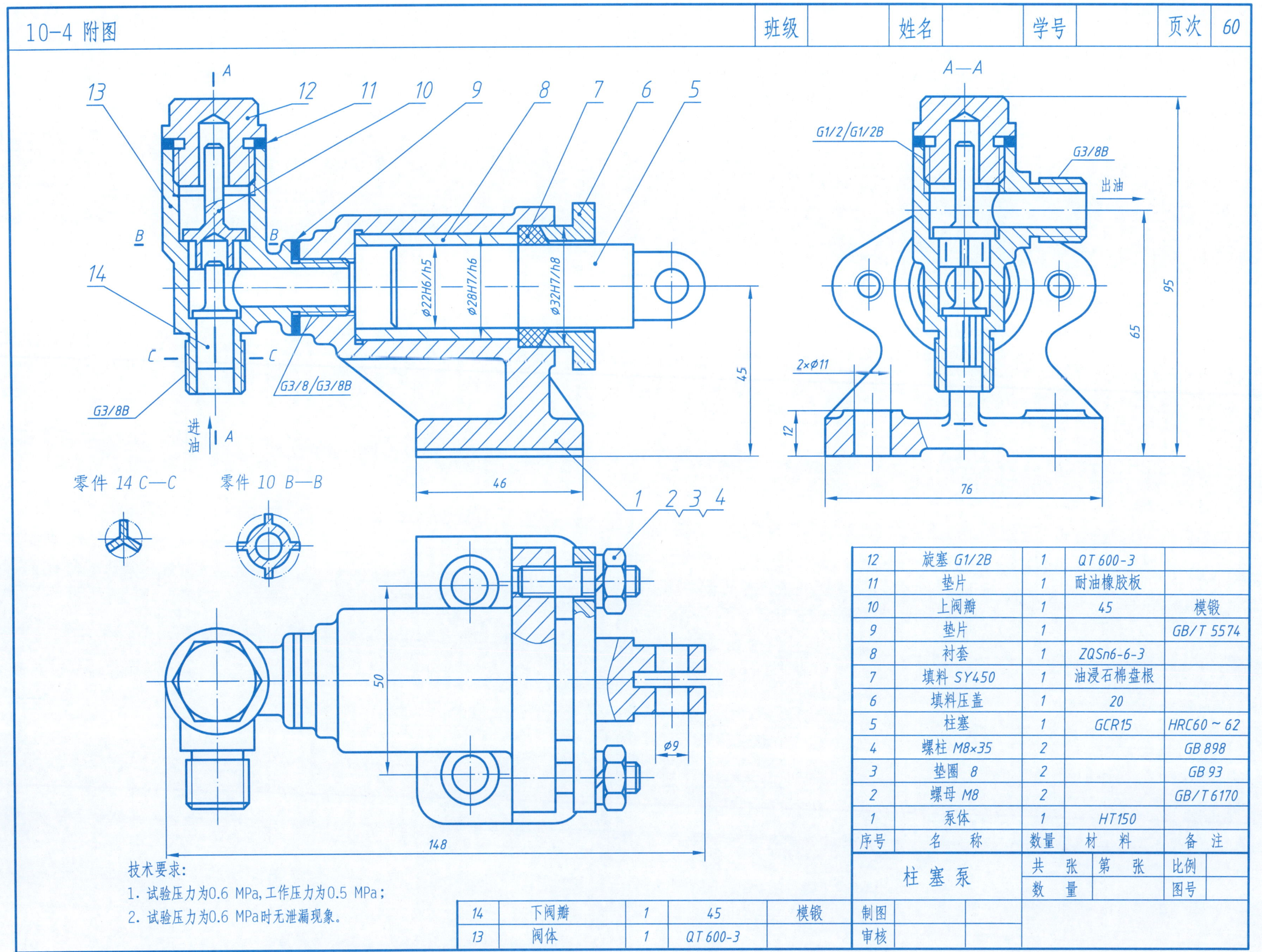

12	旋塞 G1/2B	1	QT 600-3	
11	垫片	1	耐油橡胶板	
10	上阀瓣	1	45	模锻
9	垫片	1		GB/T 5574
8	衬套	1	ZQSn6-6-3	
7	填料 SY450	1	油浸石棉盘根	
6	填料压盖	1	20	
5	柱塞	1	GCR15	HRC60～62
4	螺柱 M8×35	2		GB 898
3	垫圈 8	2		GB 93
2	螺母 M8	2		GB/T 6170
1	泵体	1	HT150	
序号	名 称	数量	材 料	备 注

柱 塞 泵	共 张	第 张	比例	
	数 量		图号	
制图				
审核				

14	下阀瓣	1	45	模锻
13	阀体	1	QT 600-3	

技术要求：

1. 试验压力为0.6 MPa，工作压力为0.5 MPa；
2. 试验压力为0.6 MPa时无泄漏现象。

要求：

① 图幅A3，比例1:2。

② 根据装配示意图和零件图，用贴片拼贴主视图，补画俯视图外形图。

③ 标注必要的尺寸。

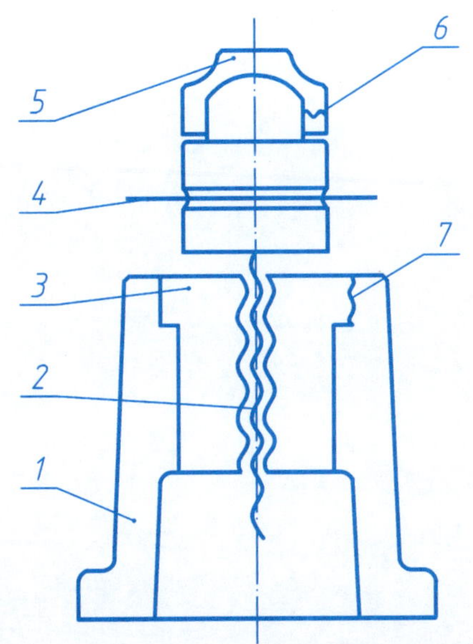

千斤顶说明

该千斤顶是一种手动起重支承装置。扳动铰杆传动螺杆，由于螺杆、螺套间的螺纹作用，可使螺杆上升或下降，同时进行起重支承。底座上装有螺套，螺套与底座间由螺钉固定。螺杆与螺套由方牙螺纹传动，螺杆头部孔中穿有铰杆，可扳动螺杆传动，螺杆顶部的球面结构与顶垫的内球面接触起浮动作用，螺杆与顶垫之间有螺钉限位。

7	螺钉 M10×12	1		GB/T 73
6	螺钉 M8×12	1		GB/T 75
5	顶垫	1	Q275	
4	铰杆	1	35	
3	螺套	1	ZCuAl10 Fe3	
2	螺杆	1	45	
1	底座	1	HT200	
序号	名　称	数量	材　料	备　注

千 斤 顶	共　张	第　张	比例	
	数　量		图号	
制图				
审核				

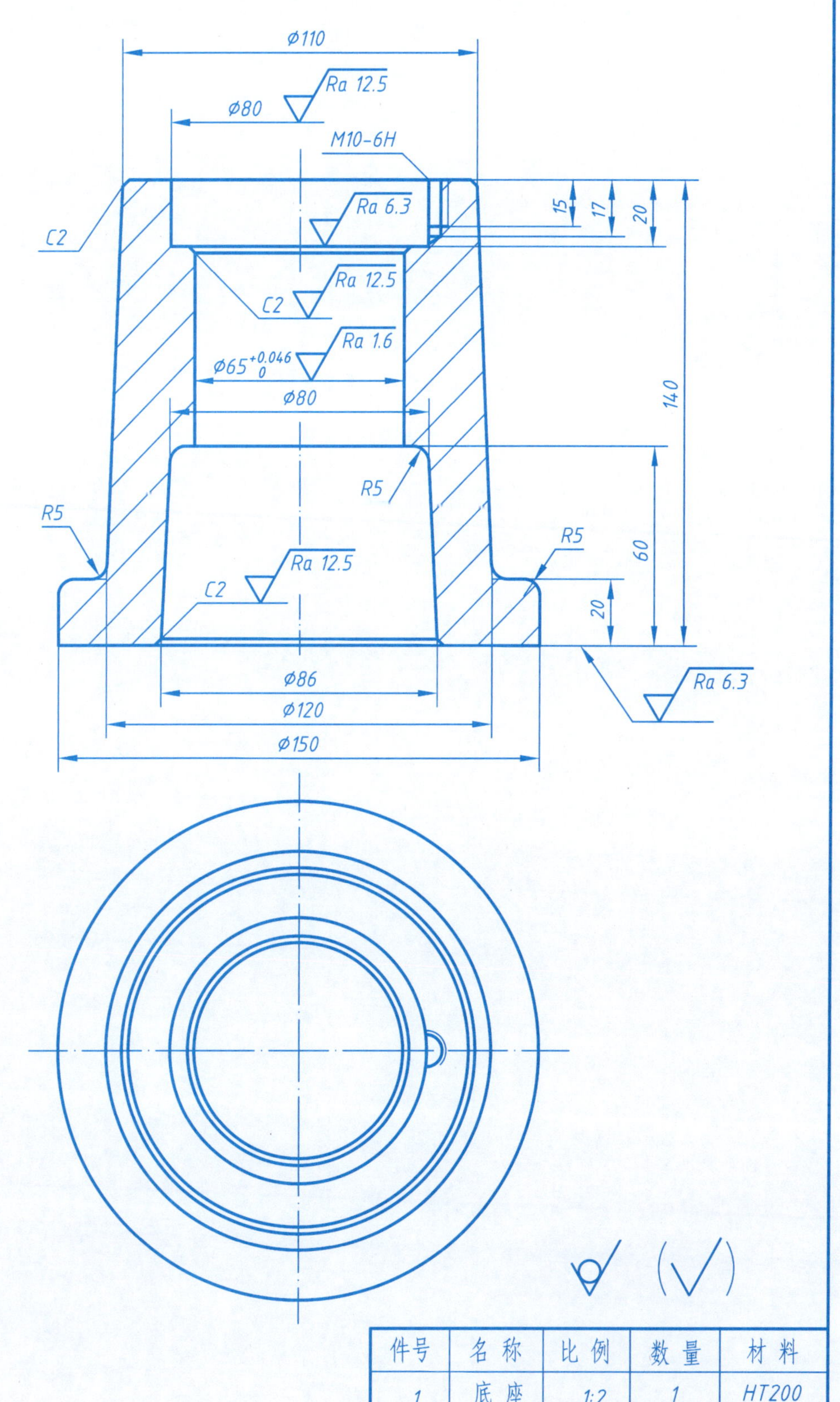

件号	名称	比例	数量	材料
1	底座	1:2	1	HT200

10-5 续1——零件图 班级 姓名 学号 页次 62

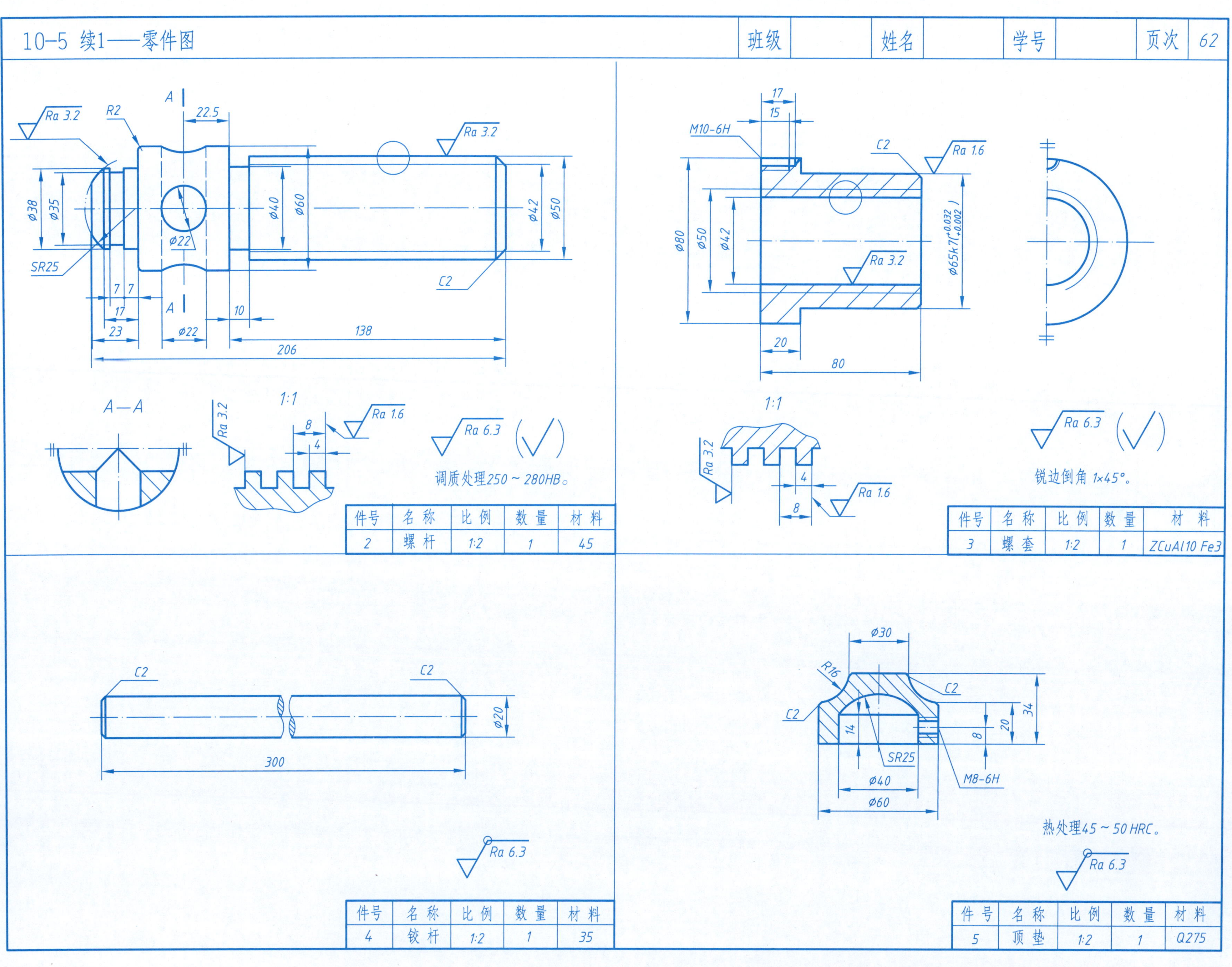

件号	名称	比例	数量	材料
2	螺杆	1:2	1	45

件号	名称	比例	数量	材料
3	螺套	1:2	1	ZCuAl10 Fe3

件号	名称	比例	数量	材料
4	铰杆	1:2	1	35

件号	名称	比例	数量	材料
5	顶垫	1:2	1	Q275

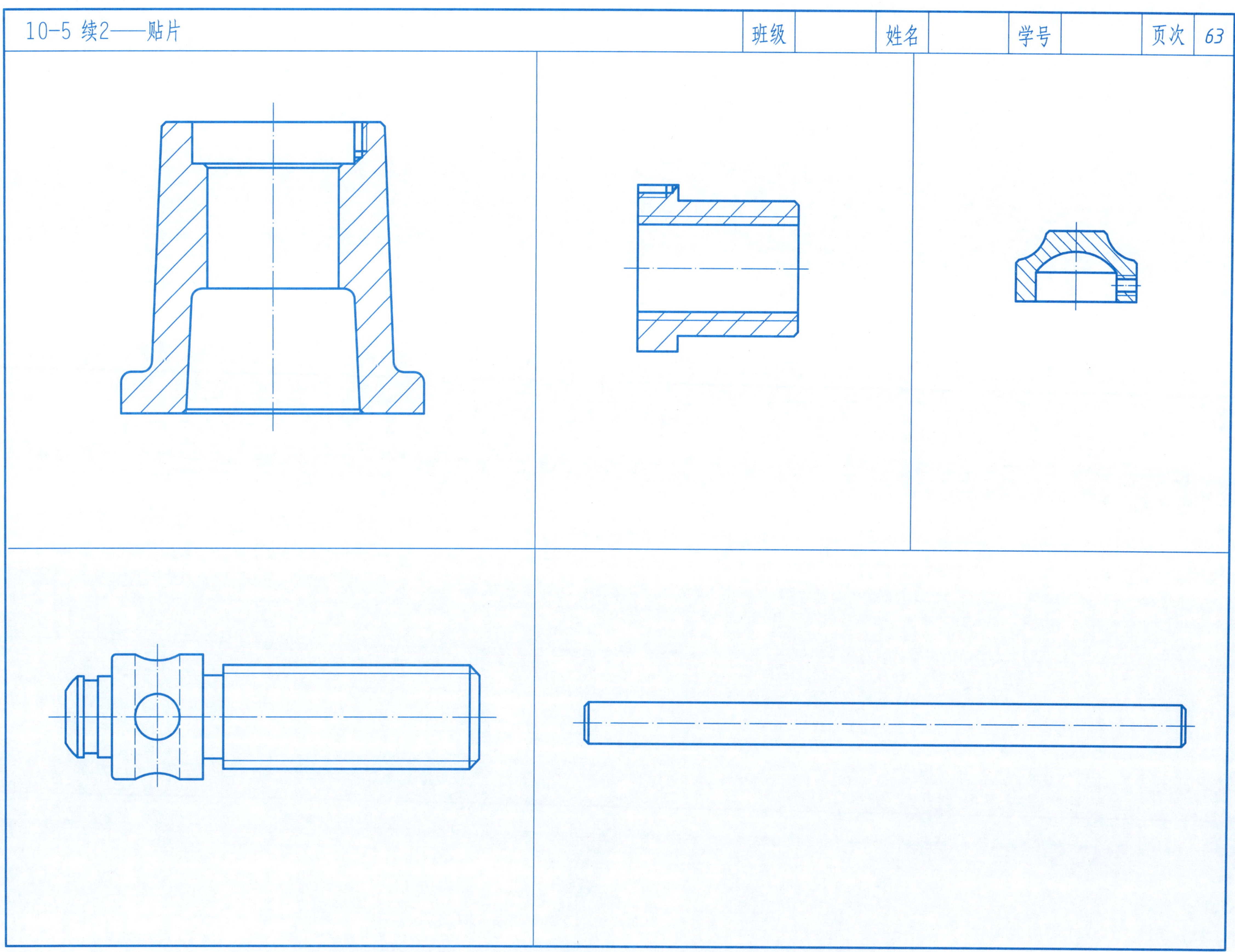
10-5 续2——贴片
班级
姓名
学号
页次
63